非除染地帯

ルポ　3・11後の森と川と海

平田剛士

緑風出版

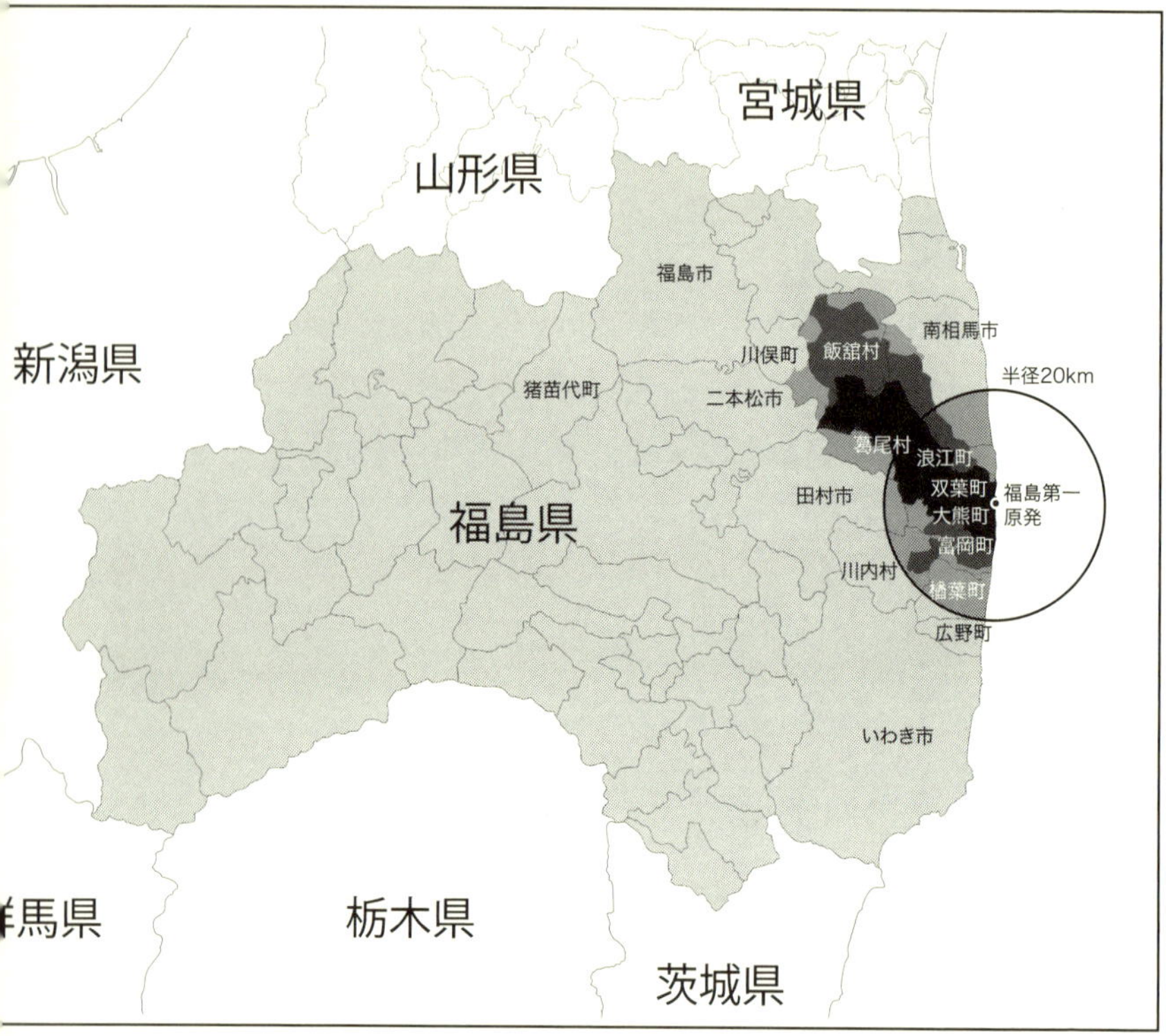
宮城県
山形県
新潟県
福島市
南相馬市
川俣町
飯舘村
半径20km
猪苗代町
二本松市
葛尾村
浪江町
双葉町
福島第一
原発
田村市
大熊町
福島県
富岡町
川内村
楢葉町
広野町
いわき市
馬県
栃木県
茨城県

はじめに

よほど強烈でただちに症状が現れるレベルでない限り、ヒトは放射線で照らされても生身でそれを自覚できない。

二〇一一年三月十一日に東日本大震災が列島を襲い、制御不能におちいった東京電力福島第一原子力発電所の六基並んだ原子炉のうち、一号、二号、三号、四号機が盛大に放射能を放出し始めた時、間近に住んでいた人たちは、とどまるか逃げるかを判断するのに、五感ではなく、メディアや通信を通じての、いわば二次情報に頼らざるを得なかった。その情報も停電や回線不通、交通麻痺によって満足に届かず、「ただちに影響はない」という言葉に代表される政府機関のミスリードとあいまって、被災地をパニックに陥れた。そのまま住み続けたらいったいどれくらい余計に被曝することになるのか、測定器の数値を読み取る以外に知るすべがないのは過酷事故発生から三年半が過ぎた今でもまったく変わらず、福島ではローカル局のアナウンサーが定時に天気予報と一緒に各地の空間線量率を読み上げる毎日が続いている。

ヒト以外の生き物を探しても、放射線察知能力を持つ種は見当たらない（放射能に誘引されて線源に近づこうとするゴジラくらいか）。地震発生から数カ月が経ったころ、福島第一原発を取り囲む警戒区域内でカラスやイノシシ、アライグマといった野生動物たちが急増しているようだと伝わってきたが、何も体に放射線を浴びようと集まったわけではなかっただろう。あたりからまとまった人数が急に消え、鳥獣たちが人目を気にせず振るまいはじめたに過ぎない。なぜ人間が一斉に姿を消したのか、動物たちはいまも理由を知らないはずだ。

一九八六年四月二十六日未明、当時ソヴィエト連邦に属していたウクライナ共和国北部でチェルノブイリ原子力発電所第四号原子炉が爆発した時、原発を中心に半径三〇キロ圏内の住民約一三万人が避難を強いられた。それから二八年が経って、放射線レベルはずいぶん低下したものの、入域制限はまだ続いている。長く無人のままの一帯ではいま、絶滅危惧種を含む三五種の鳥類と二二種の哺乳類をはじめ多様な野生動植物が確認され、ウクライナ国立生命・環境科学大学農業放射線学研究所から二〇一四年に福島大学環境放射能研究所に招聘されたヴァシリ・ヨーシェンコ特任教授の言葉を借りると、「まるで一〇〇〇年前の野生動物のパラダイス」のようだという。

福島県浜通り地方の地図に重ね描かれたいびつな形の避難指示区域内でも、これから同じような「天国化」が進む可能性は高い。チェルノブイリにせよ福島にせよ、生き物たちは何も知らないまま、したたかにたくましく生き抜いていくのだ——などと楽観できたらどんなにラクな気分だろう。しかし「天国」は見かけに過ぎない。放射能汚染の中を生き延びた者たちの陰で、生き抜けなかった生き物たちは、すでにわたしたちの目に触れようがない。

〈自然の電離放射線は常に地球上の生命の一要素だった。実際、放射線はいまも続く遺伝的突然変異のおもな発生源のひとつであり、突然変異は自然淘汰をはじめあらゆる進化過程のもとになる。人間を含む地球上のすべての生命は、この自然のバックグラウンド放射線（環境放射線）が存在するなかで進化し、適応した。〉（アレクセイ・V・ヤブロコフほか『調査報告チェルノブイリ被害の全貌』二〇一三年、岩波書店）

事故原発が生態系に送り込んだ放射能による淘汰（命の選択）は、すでに起きてしまったとみるべきだろう。

むろん、捕獲・伐採・採集・灌漑・開墾・植林・養殖・家畜化・掘削・居住・建設・通行・汚染・移植など、人間のあらゆる行為は多かれ少なかれほかの生物の淘汰をともなう。そのなかで放射能汚染を特別視すべき理由は、少なくとも四つある。

第一に、人間を含む生き物にとって、放射能が〝見えない脅威〟であることはもう述べた。生き物の感覚器官は何より危険を事前に察知して回避するために機能する。それら生体センサーがまわりの放射線量の増大に反応できないのは、これまで生物がそれを警戒すべき脅威と認識せずに済んできたからだろう。生物進化の長大な歴史に照らして、人類が核分裂エネルギー（原水爆や原発）を実用化したのはつい七〇年前だ。過酷事故を起こした原発が「自然のバックグラウンド放射線（環境放射線）」に上乗せした放射線は、きわめて人工的な新しい脅威であり、ゆえに生物には知覚できず、避けがたい。

第二に、ある種の放射能と生体細胞の間に高い親和性があること。たとえば放射性セシウムは水中などでイオン化した状態だと、簡単に生き物の体内に吸収されていく。その後も外に出たりまた入ったりを繰り返しながら、長く食物連鎖の環の中にとどまり続ける。環境ホルモン（内分泌攪乱物質）などの有機系化学物質とも共通するこの性質は、まったく悪魔的だ。

第三に、放射能汚染によって野生動物と人間の間で培われてきた関係性がすっかり壊れてしまったこと。人間の側から見ると、海の幸・山の幸がひどく汚染されて食べられなくなったり、利用できなくなったりした。いっぽう野生動植物の側に立つと、これまで課せられていた人間活動による強大なプレッシャーがふいに消えた。事故発生から半年たった二〇一一年八月二十九日の時点で、警戒区域・計画的避難区域・緊急時避難準備区域から合わせて約一四万六五〇〇人が一斉に姿を消したのである（数値は国会「東京電力福島原子力発電所事故調査委員会調査報告書」から）。

そして第四に、いったんバラまいてしまったら最後、環境中から放射能を回収してどこかに密封し直すなんて、事実上不可能だということ。福島やチェルノブイリ以外では、こんなことは戦場でしか起きえない。

政府は二〇一一年八月、「放射性物質汚染対処特措法」を定めて、過酷事故を起こした東京電力福島第一原発を囲むエリアを「特別除染地域」に指定した。政府直轄で除染に取り組む地域のことで、例のいびつな「避難指示区域」とほぼ重なっている。しかし、最も汚染度の高い「帰宅困難地域」（双葉町の全域、浪江町・大熊町の大部分）は、とても人が住める状態ではないので初めから除染対象に組み込まなかった。またそれ以外の場所でも、除染するのは原則として住宅・道路・田畑だけ。福島県は陸域の八割を森林が占めるが、除染は「住居、農用地等に隣接する森林」の「林縁から約二〇メートルの範囲」でしか実施しない。加えて、河川・湖沼・海浜・海洋といった水域では放射能除去はまったく行なわれていない（それどころか事故原発由来の汚染水がずっと拡散放流され続けている）。

これからご覧いただくのは、そんな「非除染地帯」の自然環境の風景である。放射能が目に見えないことに似て、汚染された環境の中で野生動物たちの間でひそかに起きている（かもしれない）変化を、わたしたちはなかなか捉えることができない。生物学や生態学の専門研究者、また野生動物に精通した地元ナチュラリストたちの力を借りながら、注意深く眺めていくことにしよう。

個人的にもうひとつ、こんな事態は避けられたかも知れない、という後悔を付け加えさせてほしい。

3・11を、わたしは震源地から五〇〇キロメートル以上も離れた自宅で迎えた。その後の数日間、大地震と大津波によって福島第一原発の原子炉群が壊れ、白煙を吹き上げ、爆発し、強制退避エリアがどんどん拡大していくのを、ほかになすすべもなくテレビで追いながら、こみ上げてきたのは激しい自責の念だった。チェルノブイリ原発事故が起きた二五年前、日本でも脱原発を果たすチャンスはあったのに、と。

東日本大震災発生から三年が経過した今年（二〇一四年）三月、事故原発から半径二〇キロメートルの円弧が横断する双葉郡川内村で、村在住の渡辺秀朗《わたなべひでろう》さんは、

「もう原発事故のことなんか、よその県の人たちはみんな忘れてしまってるんじゃないですか」

と来訪者（わたし）に問いかけ、こう続けた。

「関東圏に避難している高校生の娘たちもそう言ってます。学校で原発事故や放射能の話題なんかひとつも出ないそうですよ。出るとしたら、スーパーなんかで福島産の食品を避ける時。関心は自分たちの健康のことだけで、福島県がいまどんな状況かなんて、もう頭が回ってないんだ」

わたしたちは、この異常事態を異常だと認識する感覚まで鈍磨しかけているのだろうか。だとすれば、何度でも繰り返しそれを研ぎ直す作業が必要だ。現地のリアルな状況を伝え続けることがその一助になればと願う。

目　次

第1部　二〇一三年冬

東日本大震災と東京電力福島第一原発の事故発生から二年が経過した冬。山・里・海を汚染した膨大な放射能によって、住民たちは、親しかった自然との関係を断ち切られたままだった。日本列島の豊かな生物多様性を、たった一度の原発事故が台なしにした。

第1章　奪われた山の幸

20キロ圏の村

二〇一三年一月末。三カ月ぶりに再訪した福島県双葉郡川内村《ふたばぐんかわうちむら》は、森も田んぼも家々もすっかり雪に覆われていた。ゆうべ積もった数センチの新雪に、晴天の日差しが反射してまぶしい。

真っ白なキャンバスとなった農地に、野生動物たちの足跡が無数に残っている。自分もちょっと失礼して雪原に踏み込み、これはキツネ、これはネズミ、こっちのはイノシシ……と追いかけ始めたら、数メートル先でいきなりバタバタ羽音が起こって肝をつぶした。棚田の縁から空に飛び上がった大きな影は、キジだった。

自然豊かな山里だ。

村はずれの自然観光施設「いわなの郷《さと》」を訪ねた。「炭焼場《すみやきば》」の字名《あざ》が示すとおり、まわりにはカエデやコナラからなる雑木林が広がっている。中央に建つ和風建築のレストランは、併設の池

世話するイワナが心配で帰村した渡辺秀朗さん。魚は元気だった。湧き水と配合飼料で育てているので魚体から放射能は検出されない。2013 年1月 29 日、福島県双葉郡川内村で。

で養殖しているイワナや、地場のきのこ、山菜を使った料理が名物だという。

しかし休業中だった。

三カ月前も休業していた。

紅葉が見ごろだった当時、建物のまわりには人が集まっていた。芝生の前庭に二台の赤い小型クレーンが陣取り、それぞれのアームをレストランの黒い瓦屋根に差し向けていた。アームの先のバスケットには作業員が一人ずつ。手にした高圧洗浄機のノズルを瓦に近づけ、ジェット水流を吹きつけていた。

いま、クレーンの姿はない。

道沿いにずらっと並んでいた満杯の青いフレコンバッグも消えている。
「いわなの郷」指定管理会社の主任として施設を預かる渡辺秀朗さん（六二歳）は
「この地区の除染作業はもうほとんど終わりです。前は〇・一九（マイクロシーベルト／時）くらいあった線量が〇・一四まで下がりました。池のイワナは検査して何ともないし、私としては五月の連休から営業再開できたらと思っているんですが……どうなるか」
と話した。先のメドが立っているわけではなさそうだ。

ここは福島第一原発から直線でぴったり二〇キロメートルの距離にある。村は震災五日目の二〇一一年三月十五日に自主避難、翌十六日に全村強制避難を発令。半年経った同年九月、政府の「緊急時避難準備区域」指定は解除されたものの、依然、村全体が追加被曝線量年間一ミリシーベルト以上に及ぶ放射能に覆われていた。村長は除染を約束して昨年（二〇一二年）一月、「帰村宣言」をしたが、丸一年経った現在も、村民約三〇〇〇人の大半は避難先の新居から週のうちせいぜい何日かを村の自宅で過ごすにとどまっている。

施設のイワナたちを放っておけずに帰還した渡辺さんも、三人の家族は避難先の千葉県成田市に残したままだ。

「この村は『きのこの里』と呼ばれてね。すぐそこの山でも、ここらではイノハナと言うんですが、コウタケがたくさん採れるし、自生のシメジやマツタケも……。それに木戸川《きどがわ》は昔から渓流

森に囲まれた農地を、夜のうちに多くの野生動物たちが歩き回っている。川内村で。

釣りの名所です。下流にダムができたりして魚が少なくなったとはいえ、あちこちでイワナやヤマベ（ヤマメ）が自然繁殖しています」

ここは自然豊かな山里――。

でも、その恩恵をだれも享受できなくなってしまった。

渡辺さんに幼なじみを紹介してもらった。キャリア約二〇年のハンター諏訪牧夫《すわまきお》さん（仮名、五六歳）。やはり避難先から、家業を全うしようと帰村した。川内村には一五人ほどの狩猟家がいるが、震災後に迎えた二〇一一年度の狩猟者登録は四人にとどまった。今年度（一二年度）はやや戻して一一人になったという。

「猟師が減るのは当たり前。捕ったって食えないんだもの。おれは撃つのが楽しみだからやってるけど」

一番の獲物はイノシシだ。福島県のイノシシ猟は十一月十五日に解禁され、三月十五日まで続く。諏訪さんは仲間と四人で出猟を重ね、今季すでに体重一〇〇キログラム超の大物を含む二〇頭を仕留めた。

「（解体した肉の一部を）地区の集会場に持って行くんだ。線量計が置いてあって、自由に使えるから。これまで数値が一番高かったのは一二〇〇（ベクレル／キログラム）。低いので六〇」

政府・厚生労働省による「食品に含まれる放射性セシウムの基準値」は、飲料水で一〇ベクレ

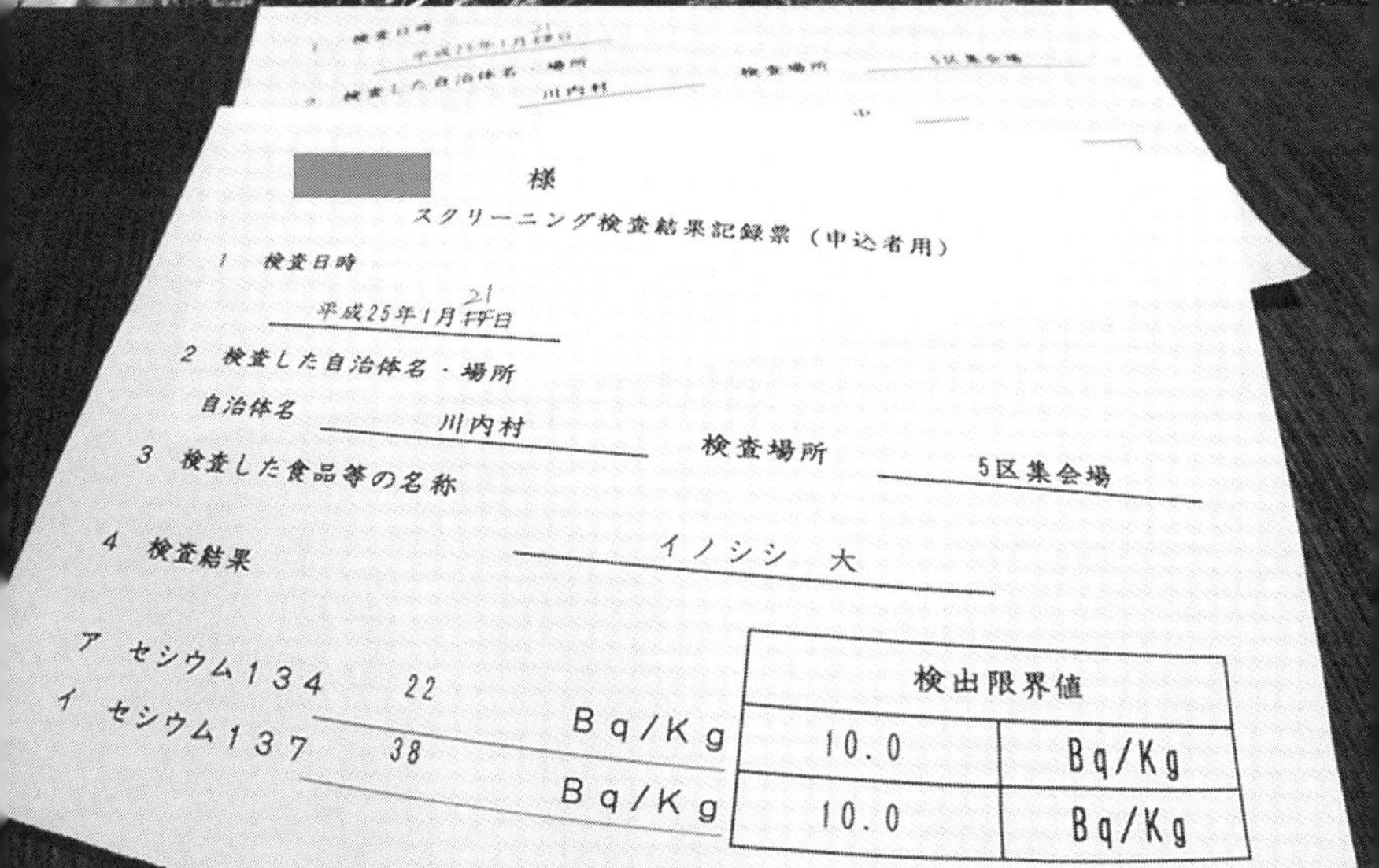

上：2013 年1月 19 日、川内村で諏訪さんたちが仕留めたイノシシ（諏訪さん提供）
下：村内で捕獲した野生イノシシの放射能検査の結果を記した用紙。３頭とも肉から 60 ～ 76Bq ／kgのセシウムが検出されている。（画像の一部を加工しています）

ル／リットル、乳幼児食品で五〇ベクレル／キログラム、牛乳で五〇ベクレル／リットル、一般食品で一〇〇ベクレル／キログラムとされ、基準値を超えた飲料や食品には出荷規制がかかる。

家の土間に漬物用の黄色い蓋付きバケツがいくつも積み重ねてあるのを、諏訪さんは開けて見せてくれた。水中に大きな肉のかたまりが沈んでいる。

「三日に一度、水を替えながら、一週間か一〇日ほど漬けておくと線量が半分くらいになる。血液とか水分とかと一緒に放射能が流れ出るんだろうな。鍋で水煮にしてゆでこぼす方法もある」と、諏訪さんは話す。それでもなかなか食べる気にはなれない。近所に分けたりするのも控えている。土間にバケツが積み重なっていく。

「いつになったら食べられるようになるかな」

諏訪さんはつぶやいた。

いつになったら――？　だれもが知りたいのに、だれも答えられない。

事故を起こした福島第一原発からいったいどれだけの放射能が森に降り注いだのか、肝心の数字すらはっきりしない。政府「東京電力福島原子力発電所における事故調査・検証委員会」の最終報告（二〇一二年七月）をみてみよう。

福島第一原発は計六つの原子炉を擁する。報告書によれば、二〇一一年三月十一日の巨大地震と津波に見舞われた後、十二日午後三時三十六分に一号機が、十四日午前十一時一分に三号機

東京電力福島第一原発から大気中に放出された放射能料の推定値（単位・テラベクレル＝１兆ベクレル）

機関名	ヨウ素131	セシウム137
原子力安全・保安院	150,000	8,200
原子力安全委員会	130,000	11,000
東京電力	500,000	10,000

政府「東京電力福島原子力発電所における事故調査・検証委員会」最終報告（2012年7月23日）から。

が、十五日午前六時十分から十二分の間（正確な時刻は不詳）に四号機が、それぞれ水素ガス爆発を起こして原子炉建屋を大きく壊してしまう。だが、放射能の大量放出は、これらの爆発が主要因ではなかった。四号機原子炉建屋の爆発から約一時間後、建屋爆発を免れていた二号機の原子炉格納容器が炉心溶融（メルトダウン）に耐えきれず内側から損傷し、ついに亀裂が大きく開いて、主にガス化した放射能が大量に吹き出してきた、と考えられている。

福島第一原発正門のモニタリングポストがとらえたこの時の放射線量測定値を追うと、この「大量放出」は翌十六日の午前まで二四時間にわたって断続的に続いた（とみられる）。

高温かつガス状の放射能は上空に立ち上り、拡散しつつもある程度まとまったまま、風に吹かれて高空を右往左往した（らしい）。ほどなく雨や雪とともに降下して陸と海を広範に汚染した。

政府最終報告書はまた、事故原発が大気中に放出した放射能量として三通りの推定値を並記している。すなわち――

原子力安全・保安院（二〇一二年九月廃止）の試算によると、一五万テラベクレルのヨウ素131と、八二〇〇テラベクレルのセシウム137が大気中に放出された。原子力安全委員会（現・原子力規制委員会）は、ヨウ素131が一三万テラベクレル、セシウム137が一万一〇〇〇テラベクレル、それぞれ大気中に放出されたと推計した。

また東京電力は、大気中にヨウ素131を五〇万テラベクレル、セシウム137を一万テラベクレル。海洋に前者を一万一〇〇〇テラベクレル、後者を三六〇〇テラベクレル、それぞれ放出したと報告した――。

テラベクレルの「テラ」は、一〇の一二乗（一兆）を示す接頭語だ。つまりゼロが一二個並ぶ。その下一二ケタを平然と切り捨てるアバウトさにまず驚く。おまけに、機関によって互いに四倍も異なる推計を「最終報告」に並記するなんて無責任にもほどがあると思うが、科学技術を駆使しているように見えて、実はだれも放射能を把握できていない。

森に降り注いだ放射能は

森に降り注いだ放射能のゆくえを、農林水産省所管の独立行政法人森林総合研究所（つくば

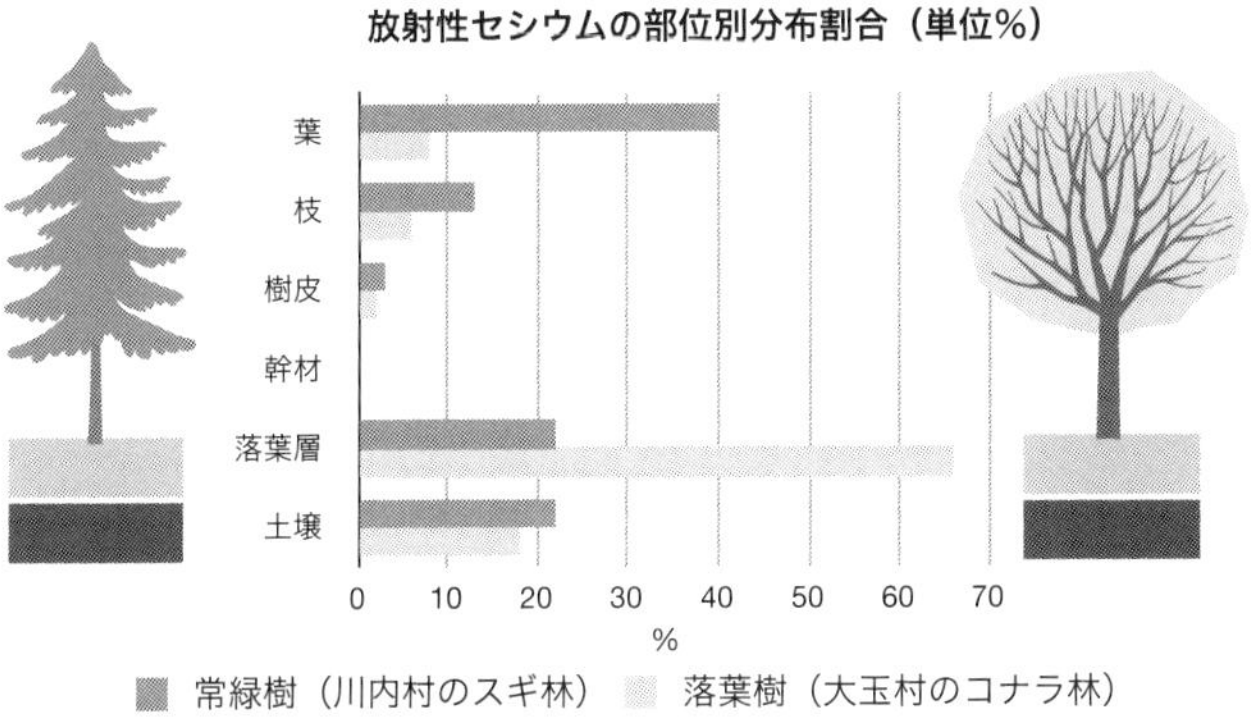

農林水産省「森林内の放射性物質の分布状況調査結果について（第二報）」（2011年12月27日）を元に作図。

市）が福島県内の三カ所（川内村、安達郡大玉村《あだちぐんおおたまむら》、南会津《みなみあいづ》郡只見町《ぐんただみまち》）の観測サイトで継続調査している。一定の平方区を定め、立木の葉、枝、樹皮、幹ごとに、また木の根元に積もった落ち葉の層や、その下の土壌（深さ二〇センチメートルまで）について深度ごとに放射性セシウムの濃度を測定し、推移を追いかけている。

事故からほぼ半年後、二〇一一年八月から九月にかけての調査では、どの調査地でも落葉層《らくようそう》と土壌に放射性セシウムが集中しているという結果が出た。常緑の松林や杉林では、夏になっても葉や枝にセシウムが比較的たくさん残っていた。いっぽう落葉樹のコナラ林では、新しい葉にセシウムの蓄積はあまり見られなかった。

三カ所に設けた観測サイトの中で、いちばん深刻な汚染数値を示したのが、事故原発に最も近い川内村の森だった。森林総研のチームは森林の汚染度合いを表すために、立木や土壌の部位別の放射性セシウム濃度と単位面積あたりのそれぞれの重量を掛け合わせて「放射性セシウム蓄積量」を算出した。他の町村の森に比べて川内村の杉林での数値がけた違いに高く、約一三八万ベクレル／平方メートルをマークした。そのおよそ半分は、落葉層と土壌に蓄積した放射性セシウムによるものだ。

むろん当時は、この森林を含め川内村全域で強制避難が発令されていた。ついでながら一九八六年四月、ウクライナ（旧ソ連邦）北部でチェルノブイリ原発が爆発事故を起こした際にも、汚染の程度は地表に沈着した放射性セシウム（単位面積当たりのセシウム137沈着量）を指標に判定され、ベラルーシ・ロシア・ウクライナ各政府は汚染レベルをおおむね六段階に分けて住民避難対策を決める根拠にした（今中哲二編『チェルノブイリ事故による放射能災害国際共同研究報告書』技術と人間、一九九八年）。このレベル分けに照らすと、福島原発事故の約半年後に川内村の森で検出されたこの「約一三八万ベクレル／平方メートル」という数値は、六段階のうち上から二番目のランクで、各政府が「特別規制ゾーン」（ウクライナ）、「移住ゾーン」（ベラルーシ、ロシア）に指定したのと同じ程度の汚染だったと分かる。

また、同じ森林総研の森林昆虫研究領域・昆虫生態研究室に所属する長谷川元洋《はせがわもとひろ》さんが、同じ時期に同じ調査地で落葉層にすむ「表層性ミミズ」の放射性セシウム濃度を調べたところ、川内村で一万九〇〇〇ベクレル／キログラム（生体重量）を記録した（長谷川元洋「福島原発事故の森林のミミズへの影響」『畜産の研究』二〇一三年一月号、養賢堂）。落ち葉を食べて暮らすミミズたちに放射性セシウムが移行していた。

森の他の野生生物にとっても同様だろう。たとえば、イノシシはその強力な鼻先で落ち葉や土を掘り起こしながら食べ物を探すので、土壌ごとセシウムを飲み込みがちだ。また、地中に菌糸を伸ばして養分を吸収する「菌根性《きんこんせい》」と呼ばれるキノコ類のうち、比較的浅い位置に菌糸をとどめる種類は、やはりセシウムを体内に溜めこむ傾向が強い。

旧ソ連のチェルノブイリ原発事故（一九八六年）で汚染を受けたウクライナなどの森林での研究報告によれば、落葉層に入り込んだ放射性セシウムは、菌類や微生物などによる移送作用によって、落葉層の内部で長く維持されるという。事故原発に近いベラルーシの汚染地区では、事故から二三年経った後でも、深さ一〇センチメートルまでの浅い表土にほとんどのセシウム１３７が残留していた。

福島第一原発がばらまいた放射性セシウムも、これから長く森にあり続ける可能性が高い。セシウム１３４の半減期は約二年、セシウム１３７のそれは約三〇年である。

「二〇年ほど前、自然豊かな故郷で暮らしていこうと思って村にＵターンしてきたのに、家族とはバラバラだし、人生設計が崩れてしまった」

と、「いわなの郷」の渡辺さんは、力なく言った。

東京電力福島第一原発事故から二年。以前と変わらず自然豊かに見える山里から、「幸《さち》」はすっかり失われたままだ。

第2章　沿岸放射能のゆくえ

からっぽの魚市場

二〇一三年一月下旬、福島県いわき市小名浜《おなはま》を訪ねた。太平洋に面した漁業の町だ。前日まで過ごした隣接の川内村は一面雪景色だったが、峠をひとつ越えたら雪はすっかり消えてしまった。二年前の三月十一日、ここ小名浜も大きな津波に飲み込まれた。海から二〇〇メートルほどの位置に建つ旅館の主人は、腰の高さの壁を指さしながら「このあたりまで水が来ました」と教えてくれた。町の復興工事のために長期滞在する職人たちで旅館はほぼ満室だ。旅館自体が建物の一部を修繕中で、全部終わらせるにはまだ時間がかかりそうだ。

漁港に出かけた。午前九時、岸壁に面した「いわき市営小名浜魚市場」の取引所でセリが始まった。威勢のいいセリ声の応酬を期待したが、かなわなかった。値をつける対象が差し渡し一メートルの青い魚槽にたった五杯きりなのだから仕方ない。集まったのは売り手・買い手を合わせ

この朝、小名浜に水揚げされたのは魚槽五杯分だけ。他県の海域で漁獲された魚たちだった。二〇一三年一月三十日、福島県いわき市営小名浜魚市場で。

て一〇人に満たなかった。

福島の沿岸漁業は、港湾施設が急速に復旧しつつある今もストップしたままだ。東京電力福島第一原発から南に五五キロメートル離れた小名浜も同様である（二〇一二年六月から、宮城県に近い相馬双葉《そうまふたば》漁協による相馬市沖での試験操業が始まり、エリアや対象種は徐々に拡大している。第３部参照）。

魚槽を満たしているのはカマスやサバ、イワシなど、海面近くを回遊するタイプの魚たちだった。

「今朝の魚は他県の沖合のまき網で獲ったやつだ。それも、放射能の心配のない〝浮き魚〟しか水揚げしてないよ」

と、一人が教えてくれた。

わずか十分後、五つの魚槽が小型トラックで運び出されると、広い場内は再びからっぽになった。

福島の海中はいま、どんな状態なのか。

二〇一二年十一月、東京大学で開かれた国際シンポジウム「フクシマと海」（国際交流基金日米センターなど資金提供）で、ウッズホール海洋研究所（米マサチューセッツ州）のケン・ヴェッセラー博士（海洋化学）は、

津波被害を受けた港湾施設はすっかり元通りになったが、沿岸漁業再開のめどはまだ立たない。小名浜漁港で。

「今回の福島第一原発の事故では、海へのものとしては過去最悪の、非常に大量の放射能が太平洋に放出されました」

と報告した。博士は震災後、いち早く国際調査チームを編成して福島沖での調査に着手している。

ヴェッセラーさんによると〝最悪値〟を記録したのは震災四週目の二〇一一年四月六日。この日、福島第一原発近傍で海水一トン当たり約五〇〇〇万ベクレルのセシウム137が検出された（測定は東京電力による）。

「一九八六年のチェルノブイリ原発事故でも（海岸から離れていたために）海洋汚染は六〇〇〇ベク

レル／トン以内にとどまっていたのに。これほどひどい汚染が福島の海でもし継続していたら、きっと海洋生物の繁殖や生存にも影響が出ていたことでしょう」

と、黒海（チェルノブイリの南方約五〇〇キロに位置する）での長い研究生活に照らしてヴェッセラーさんは語った。

「最悪値」検出に先だつ四月二日午前十時ごろ、地震と津波で壊れた福島第一原発では、冷却水取水口近くのコンクリート岸壁に生じた亀裂から〈高濃度汚染水〉が海に流れ込んでいるのを作業員が発見していた（政府／東京電力福島原子力発電所における事故調査・検証委員会「中間報告」、二〇一一年十二月）。東京電力が流出を止めたのは同六日朝だった。同社の推計では、この間に流出した水量は約五〇〇〇トン、放射能は、

ヨウ素131　約二八〇〇兆ベクレル
セシウム134　約九三六兆ベクレル
セシウム137　約九三六兆ベクレル

に及んだ。ほとんど全量が間もなく原発港外に流れ出ていったと考えられている。

また、これとは別に、福島第一原発では同じころ、構内で増え続ける〈低濃度汚染水〉が「集中廃棄物処理施設」での貯留限界を迎えていた。政府は海洋放出を認め、東京電力は四月四日夜

福島第一原発が放出した放射能の海洋への到達経路と推定量。
ケン・ヴェッセラー氏の発表資料をもとに作図。

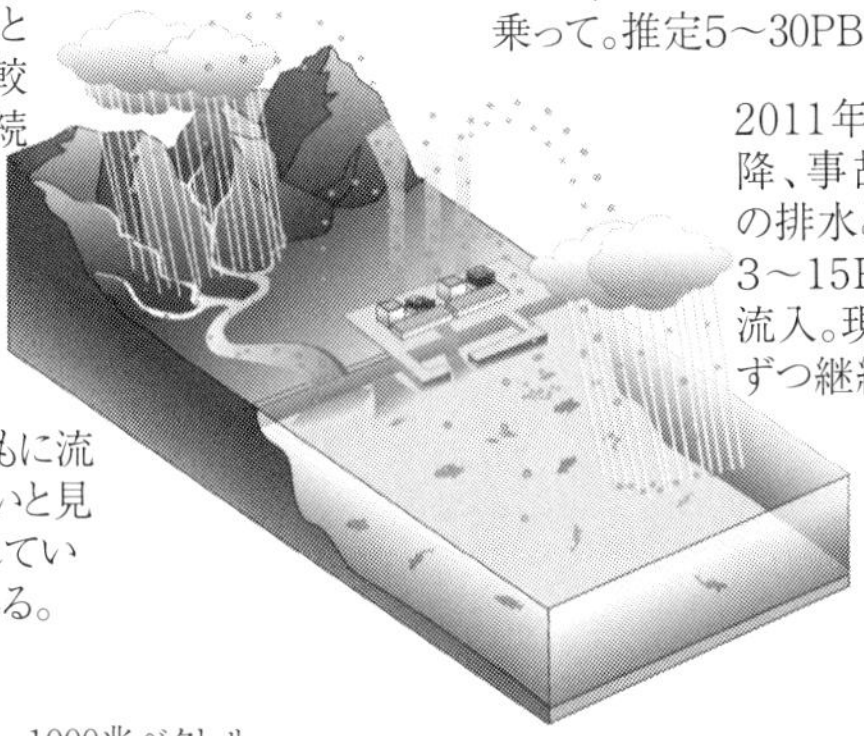
陸上に降下した放射能が、河川水とともに流入。量は比較的少ないが、継続中。
2011年3月中旬ごろ、大気に乗って。推定5～30PBq。
2011年3月下旬以降、事故原発からの排水とともに推定3～15PBqが直接流入。現在もわずかずつ継続。
地下水流とともに流入。量は少ないと見られる。継続している可能性がある。

PBq（ペタベクレル）=1000兆ベクレル

から十日夕にかけて、一万三九三トンを港外に流し捨てた。こちらの放射能量はヨウ素131とセシウム134および137を合わせて約一五〇〇億ベクレルだった。

もっとも、これらの数字は福島第一原発が海洋にばらまいた放射能の一部でしかない。割合としては、震災五日目の二〇一一年三月十五日、炉心溶融（メルトダウン）を起こした二号原子炉の格納容器が破損して以降、大気中に放出されたガス化放射能が雨や雪とともに洋上に降り注いだ分が最も多かった。正確な値は不明だが、五〇〇〇兆～三京ベクレルが空から海面に降下したと推定されている。また割合は低いものの、事故原発や、汚染された河川からの放射能の海洋流出は今も続いている（上図）。ヴェッセラーさんによれば、今回の事故で福島第一原発が放出した全放射能のうち、八〇%が海洋に出た。

高濃度汚染水

「それでも、福島沿岸の魚介類に大きなインパクトを与えたのは、空から〝広く薄く〟海面に降下した放射能より、原発からじかに海に流れ出た高濃度汚染水のほうだったのではないかと推測しています」

小名浜の海を見下ろす海岸段丘に建つ福島県水産試験場の一室で、藤田恒雄《ふじたつねお》・漁場環境部長はこう話した。原発事故の直後から、福島の海と魚介類の放射能モニタリングを担っているのが同機関だ。沿岸から沖合にかけての海域に数十カ所の定点を設けて海水の変化を連続測定しているほか、海産魚介類に限っても今年（二〇一三年）一月末までで一七一種八〇〇〇検体以上を調べ、結果を公表し続けている（第15章参照）。

福島第一原発からの高濃度汚染水は当初、あまり拡散せず、ひとかたまりの状態で沿岸部を移動したようだ、と藤田さんはいう。

「原発からの流出が止まるまでの数日間、おもに原発から南側の沿岸各地でものすごく高い数値――原発から二〇キロメートルの位置で海水一リットル当たり一〇〇〇～二八〇〇ベクレル――が観測され続けました。事故以前の数千倍の数値です。福島沿岸ではほぼ一年中、南下流が

福島県沿岸の海水放射能の推移
(2011 年５月〜2012 年３月)

原子力災害現地対策本部、福島県災害対策本部発表の「福島県環境放射線モニタリング(港湾·海面漁場)調査結果」を元に作図。グラフの縦軸はベクレル／リットル。放射能はセシウム 134 とセシウム 137 の合計値。サンプルは海面表層部から採取。

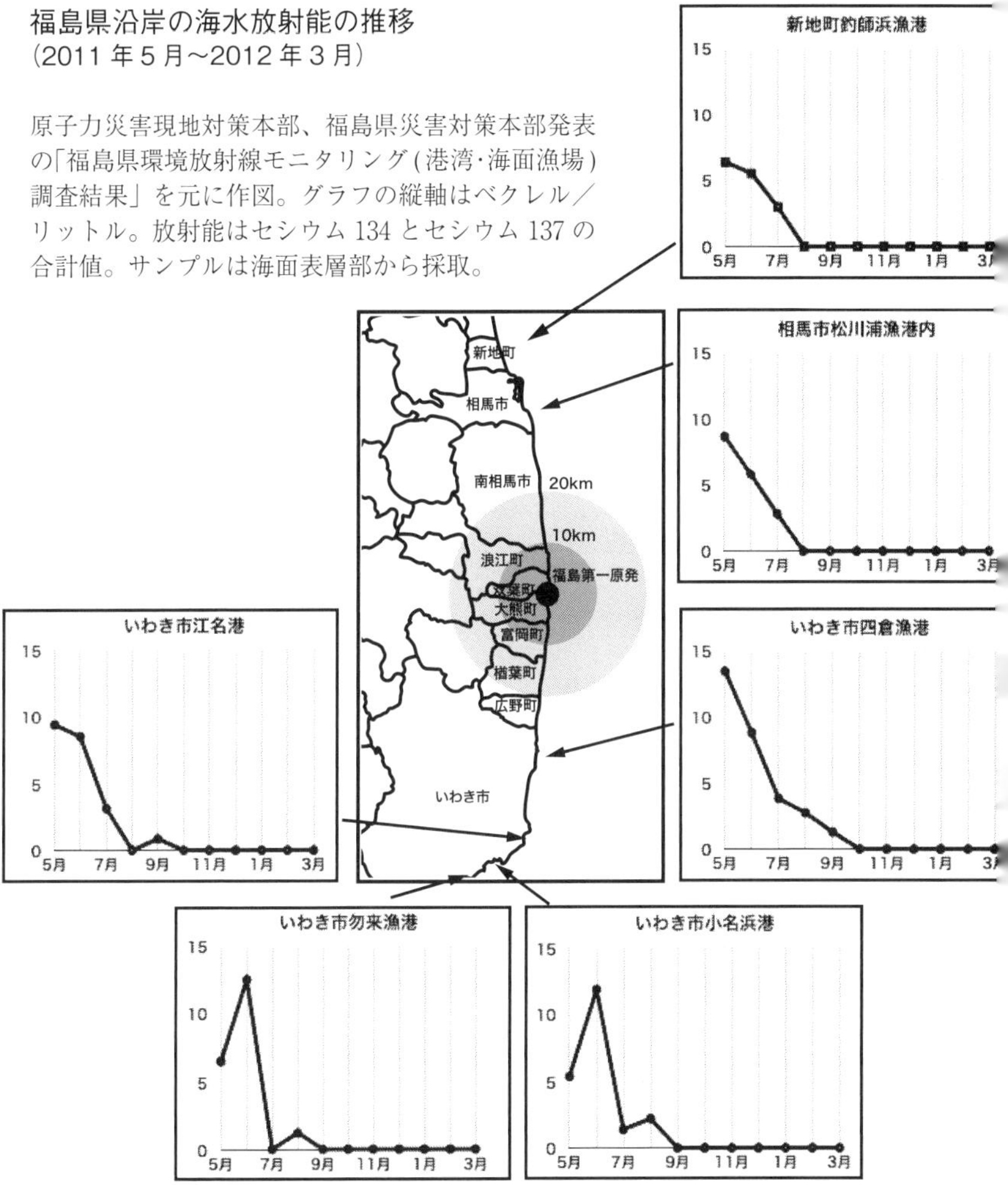

卓越しているので、汚染水はこの海流に乗って濃厚なまま運ばれたと考えられます」

高濃度汚染水の流出が止まると、拡散効果によって海水の放射能濃度は急激に下がった（前頁の図）。原発周辺を除けば、二〇一一年十月ごろには事故前の数十倍レベルまで落ち込み、二〇一三年二月には一〇倍程度の値になっている。

対照的に、同じ海水中を泳ぐ魚介類の放射能蓄積量は下がり方がずっと鈍い。福島で沿岸漁業がいまだに再開できないのはこのせいだ。

海水魚は常に大量に海水を飲み、かつ排出しながら暮らしている。海水が体内を通過する間に、他のミネラルとともにセシウム（一価の陽イオン）などの放射性物質が筋肉などの体組織に吸収されてしまう、というのが海水魚の放射能蓄積の主なメカニズムだ。どんどん吸収しては、どんどん排出しているのである。とすれば、海水の放射能レベルが下がれば、魚の体内の放射能も一緒に減少する、と予測が立つ。

それが福島沿岸でなかなか下がらないのは、やはり高濃度汚染水が流れた二〇一一年四月初旬の数日間が元凶だと、藤田さんはみている。

「あの時、エビやカニ、プランクトン、イソメといった、魚類にとっての餌生物もひどい汚染を受けました。そんな餌を食べ続けているために、魚たちの放射能レベルの下がり方が非常に緩やかになっている」

海水→餌生物→それを食べる魚、の順で〝浄化〟にタイムラグが生じているのだ。

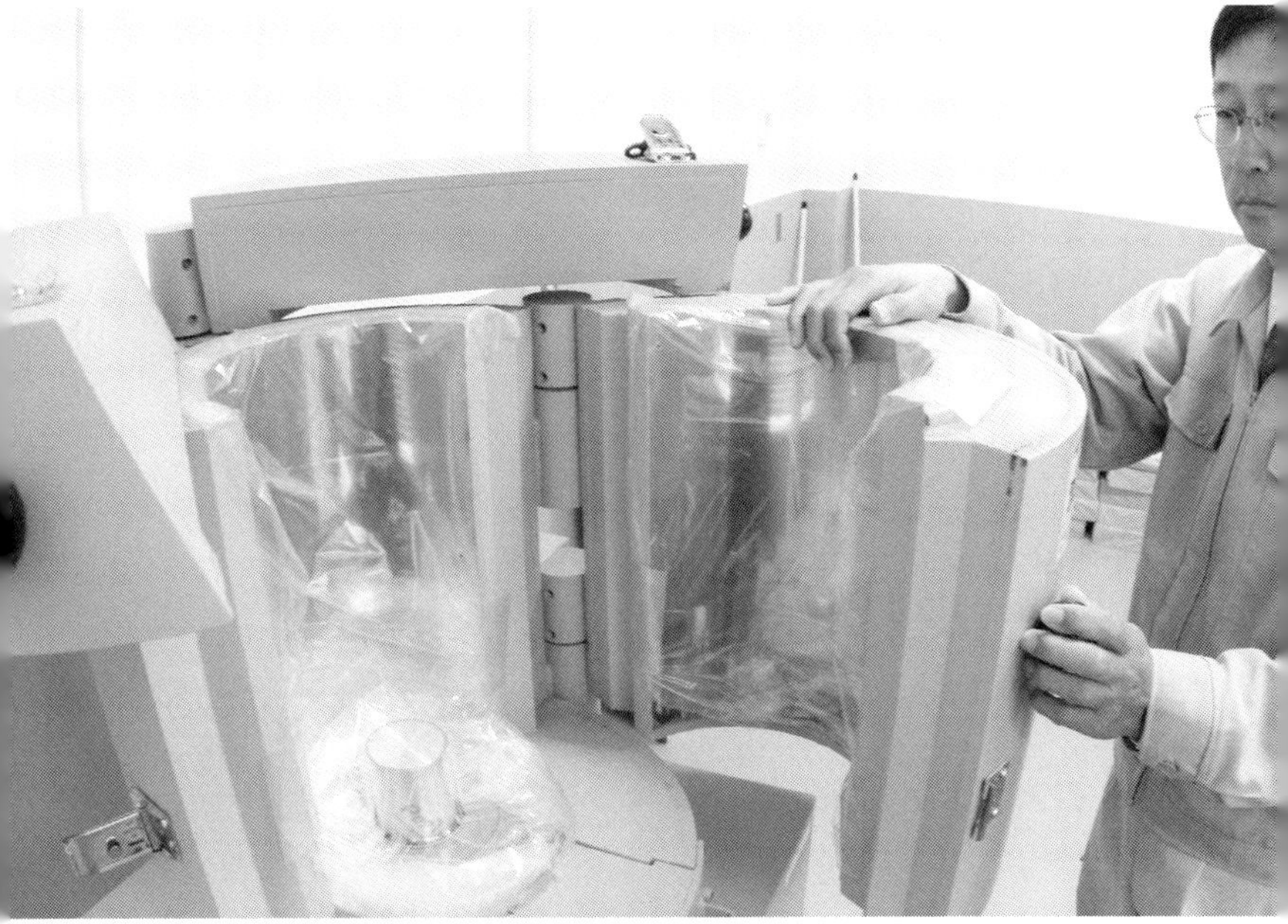

放射能測定器を操作する藤田恒雄さん。福島県水産試験場で。

　では、福島の沿岸漁業はいつになったら再開できるのか。

　同じ福島県水産試験場の水《みず》野《の》拓《たく》治《じ》・水産資源部長のチームがシミュレーションを試みている。

「餌生物のトレンド（傾向）をつかんで今後の汚染レベルを推定できれば、それを餌にしている魚類についても、現時点を初期値として、これから食べて増える分、排泄で出ていく分を差し引きすることによって、将来の見通しを立てることができると考えています」

　水野さんたちはこの二年間、定点での海水・海底土壌・餌生物・魚介類の放射能モニタリングに加え、魚種ごとに胃内容物の分析を行ない、互いの相関を調べてきた。食物連鎖によるものを含む複雑な放射能移行のメカニズムを明らかにするためだ。

「魚介類の汚染データを見ると、原発から高濃度汚染水が放出された後、ほぼ全ての魚種でだいたい三〇〇日後には放射能濃度が半分に下がっています。つまり、いま仮に一〇〇ベクレル／キログラムの放射能を持つ魚でも、一年後には五〇ベクレル／キログラムに減るだろう、と大まかな予測がつきます。われわれはさらに、餌を異にする各魚種ごとに今後の推移を精度高く計算して、それぞれの魚の漁業の再開時期を考える際にだれもが納得できるような材料を示していきたい」

と、水野さんは説明した。

事故原発からのたった数日間の高濃度汚染水流出が広大な海の生態系にこれほど長期にわたる影響をもたらしたことに、読者は改めて戦慄を覚えていることだろう。しかし県水産試験場の藤田さんは、

「これだけで済んでまだ幸運だった」

と真顔で語るのだ。

「あの時、電源喪失で危険な状態だった原発から、もし所員たちが全員撤退でもしていたら、いったいどれだけの汚染水が海に流れ出ていたでしょうか」

地元の海を見つめ続ける研究者の、理不尽に対する強い憤りを感じた。

水産加工品店に並ぶ魚たちは、他県からの「輸入品」ばかり。名物のメヒカリも千葉産だという。小名浜漁港で。

小名浜を離れる前に、少しでも地域の支援になればと、漁港に併設の「いわき・ら・ら・ミュウ」（いわき市観光物産センター）に寄ってお土産を探した。ここも津波で壊滅的な打撃を受け、再オープンまで八カ月以上かかったそうだ。

水産加工品店でカレイと剣先イカの干物、それにメヒカリの目刺しを求めた。メヒカリは標準和名アオメエソ。水深数百メートルの深海に生息し、「いわき市の魚」に指定されている。

「さっとあぶって食べたらうまいよォ。小名浜名物なんだよ。これは千葉で獲れたやつだけどサ。放射能は心配ないよ」

と、店主が勧めてくれた。

帰宅後、さっそくあぶりたてにかじりついた。店主の言葉に嘘はなかった。千葉県沖で獲れた福島県小名浜名物は、ほろ苦かった。

第3章　被曝した生きものたち

「虫こぶ」の中の異変

北海道大学農学研究院（札幌市）の秋元信一《あきもとしんいち》教授（生物生態学体系学講座）が、福島県伊達郡《だてぐん》川俣町《かわまたまち》山木屋《やまきや》地区で、自生するハルニレの葉に出来た数百個の「虫こぶ」を採集したのは、二〇一二年六月三日、つまり東日本大震災から一四カ月あまりが経過したころだった。

「虫こぶというのは、アブラムシの仲間が初夏に葉っぱの表面に作る小さな膨らみのことです。庭木なんかにもたくさん出来ていることがありますよ。中は空洞で、アブラムシが子どもを産み育てる揺りかごみたいなものです」

秋元さんは昆虫分類学者で、特にアブラムシ類についての研究で優れた業績をあげている。山木屋地区で採集した虫こぶは、主に*Tetraneura sorini*の学名を持つ種が作ったものだった。体長一ミリメートルほどの小さな昆虫で、虫こぶを作るのはハルニレの若葉と決まっている。日本列島を含むアジア東部に広く分布するというから、特に珍しい種類というわけではない。

しかし、研究室に持ち帰って詳しく調べてみると、別の意味で特異な発見があった。

「虫こぶの中で、形態異常や発育不全をきたしている個体が高い割合で見つかりました。それに脱皮に失敗して死んだと見られるものも。これまで他の地域では全く報告のなかった状態のものです」

秋元さんはコンピュータのスクリーンに次々に顕微鏡画像を映し出して解説してくれた。採集後、アルコール液に浸すなどして固定化処理を施した標本の写真だ。観察しやすいように、褐色に染色してある。

ノーマルな個体の姿と見比べると、違いがはっきり分かった。あるものは腹部が異様に膨れあがっている。またあるものは尾部が大きく二つに分かれている。触覚や脚の先端が欠けたり、真っ黒に壊死してみえたりするものが何匹もいた。脚の関節から棒状の突起が出ているのを指して、

「脚がもう一本、こんなところから生えかけているようにも見えます」

と秋元さんは説明を加えた。

秋元さんは、山木屋産の全一六七個体の観察結果を「正常」、「発育不全」（脚や触覚の一部もしくは全部が欠けているもの）、「異常」（尾部の分離、体の非対称化といった重篤な症状をきたしているもの）の三パターンに分け、それぞれ出現割合を調べた。そして、北海道岩見沢《いわみざわ》市で一九九七年と二〇一二年に採集した同種の虫こぶと比較してみた（グラフ）。一目瞭然、山木屋サンプルの「異

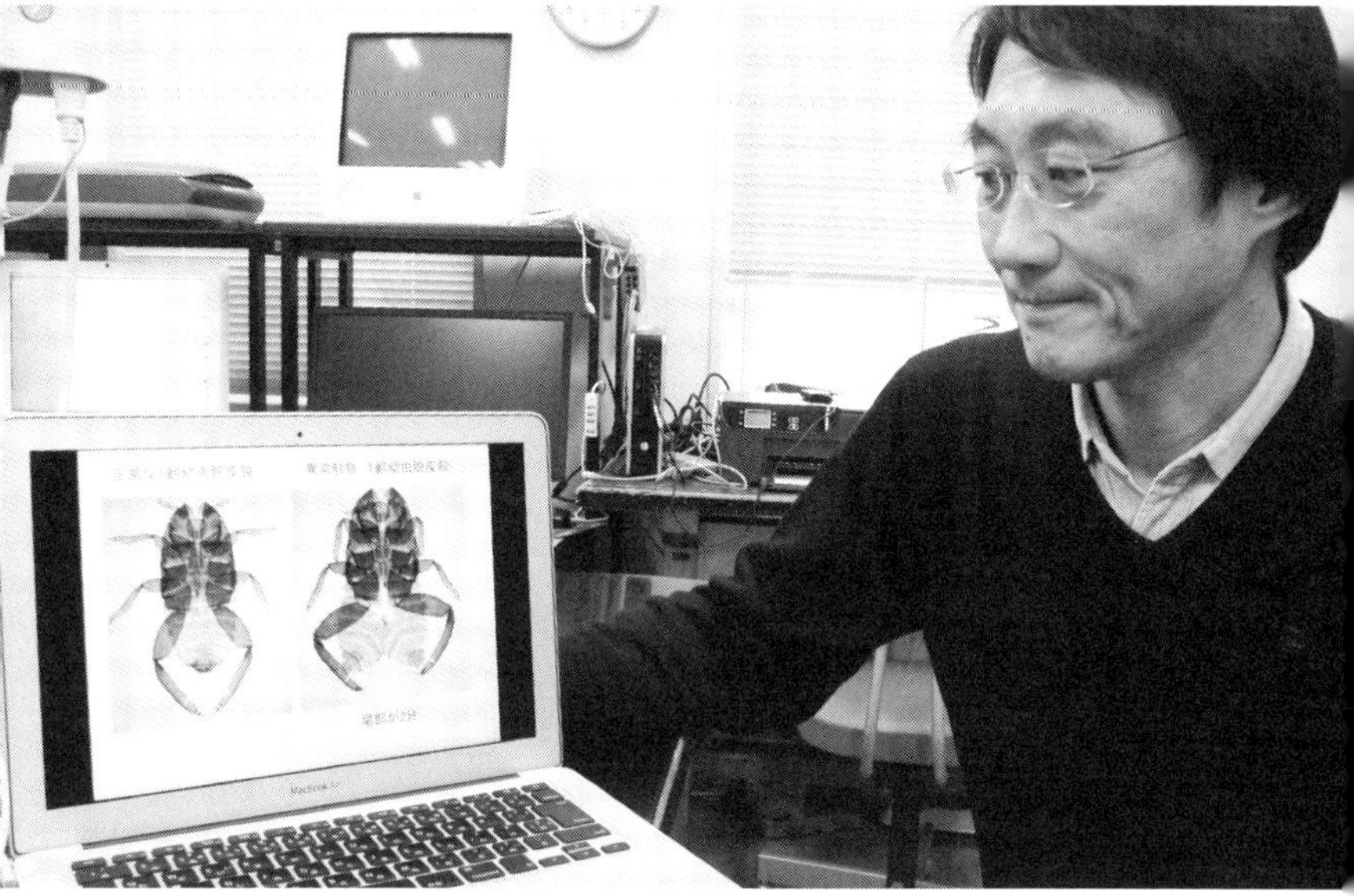

「虫こぶ」内で異常をきたしていた福島県産アブラムシの標本写真を示す秋元信一さん。2013 年1月 24 日、札幌市の北海道大学で。

グラフ　虫こぶ内での「異常」「発育不全」出現率。秋元信一さん提供のデータを基に作図。

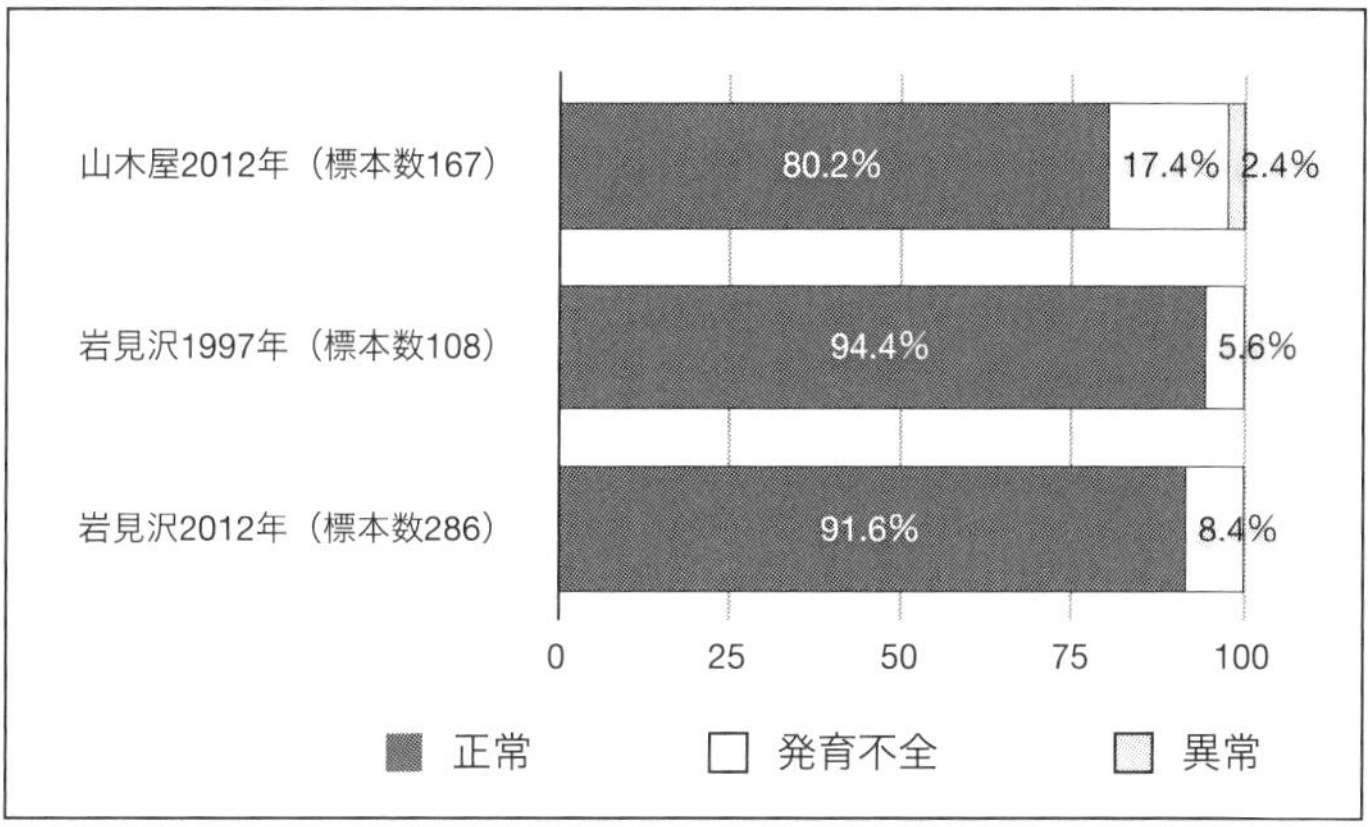

常」「発育不全」個体の出現率は、岩見沢サンプルのそれを大きく上回った（前頁のグラフ）。

「統計的に有意な差が出ました。つまり通常（岩見沢の標本群）とは明らかに異なっているということ。形態異常や発育不全が集中してこんなに出てくるのは、ただごとじゃない」

と、秋元さんは話した。

山木屋地区は、東京電力福島第一原発の北西三二キロメートルに位置している。震災四〇日目、二〇一一年四月二十二日に政府の指示で計画的避難区域（年間積算放射線量が二〇ミリシーベルトを超す地域）に指定され、住民全員が避難した。二年が経とうとする現在も指定は解除されていない（一三年八月から「居住制限区域」「避難指示解除準備区域」に再編）。

アブラムシの異常は、放射能が原因なのだろうか。

従来の知見では、昆虫は放射線耐性が比較的高い、とされている。

たとえば国際放射線防護委員会『環境の防護／標準動植物の考え方と利用』（ＩＣＲＰ一〇八報告、二〇〇八年）は、計一二種の指標生物を定めて放射線に対する感受性を示し、大型哺乳類（シカ）は一日当たり〇・一ミリグレイの照射で健康に影響が出る可能性があるのに対し、昆虫（ハチ）には一日につき一〇〇ミリグレイ以上を照射しなければ影響はみられない、とした。ちなみに同委員会が勧告する人（公衆）の年間線量限度一ミリシーベルトは、浴びるのがベータ線・ガンマ線だとして一日当たりに換算すると〇・〇〇三ミリグレイになる。ようするにハチはシカの一〇〇〇倍、人の三万倍も放射線に強いとみなされている。

アブラムシ類の放射線に対する感受性は不明だが、もしハチに似ているとすれば、秋元さんが見つけた「異常」が放射能（だけ）のせいで生じたとは説明しにくい。山木屋地区の虫こぶ採集地の周辺にそこまで強烈なホットスポット（放射能が集中している地点）があるかどうかは、調べられていない。秋元さん自身、

「アブラムシの細胞分裂を阻害する何らかの原因が存在した、とまでは言えても、放射能のせいと断定はできません」

と慎重だ。（秋元さんはその後も現地調査とデータ解析を重ねて学術論文を完成させ、二〇一四年一月、英文誌に発表した。第16章参照）

食物連鎖で放射能が滞留

ほかの生き物はどうだろう？

「太平洋から木戸川に帰ってきたサケは汚染されていません。原発事故の後、すでに二回の繁殖シーズンが巡ってきましたが、川での産卵も無事に行なわれ、孵化《ふか》した稚魚《ちぎょ》たちが川底から元気に泳ぎだしている姿も確認しています」

こう話すのは、木戸川漁業協同組合の鈴木謙太郎《すずきけんたろう》・鮭《さけ》ふ化場長だ。同漁協は双葉郡楢葉町《ならはまち》を流れる木戸川のほとり、河口から約一キロメートルの位置に建つ。二年前（二〇一一年）の三月十一

日、数次にわたる津波の到来で、漁協の建物は併設の「鮭ふ化場」や「鮎《あゆ》中間育成場」とともに被災した。

続いて放射能に見舞われる。木戸川河口から事故原発までは直線距離にして一七キロメートルあまり。放射性物質は川の流域全体に降り注いだとみられる。その後、一昨年（一一年）秋と昨年の秋、木戸川に帰ってきたサケは、震災前年までに同漁協が稚魚の状態で放流し、数年間の回遊生活を終えて北洋から戻ってきた魚たちだ。彼らにとって震災は「留守中の出来事」だった。

「悪い知らせ」もある。サケと異なり、一生を川で過ごすタイプの魚は災厄を免れ得なかった。

「去年、町の避難指示が解除されてようやく実施できた河川調査では、水質は問題なかったものの、川底の泥に数千とか万（ベクレル／キログラム）単位の放射性セシウムが残留していました。ヤマメやイワナ、ウグイなどからも一〇〇ベクレル／キログラム以上の数字が出ます」

と、鈴木さんは冴えない表情で話した。

ヤマメやイワナたちの主食は水生昆虫である。水生昆虫は川底で有機物を食べて育つ。その主要源は川をとりまく森からの落ち葉だ。原発事故によって陸域で最初に汚染を受けたのが森の木の葉だった。その放射能は落ち葉とともに大地に届けられた（第1章参照）。生物たちによる物質運搬の流れに乗って、放射能が生態系内をぐるぐる巡り始めている。

鈴木さんによると、木戸川の川魚たちのようすに目立った異常はみられない。前述のICRP一〇八報告を参照すると、魚のマス（イワナやヤマメと同じサケ科淡水魚）に〈繁殖成功率の低下

繁殖のために海から遡上してきたサケを抱え上げる木戸川漁協の鈴木謙太郎さん。魚体から放射能は検出されず、苦境の中で思わず笑みがこぼれた。2012 年 11 月、楢葉町の木戸川で。鈴木さん提供。

をもたらす可能性がある〉照射量は、一日当たり一ミリグレイ以上とされている。昆虫ほどではないが、哺乳類・鳥類に比べて淡水魚は放射能に高い耐性を持っている。

とはいえ、木戸川では魚たちの繁殖成功率や死亡率などまで詳しく調査されているわけではない。何しろ町全体が汚染されたせいで、漁協の再建自体が不透明な状況なのだ。楢葉町は昨年（二〇一二年）八月に避難指示が解除された後も、宿泊をともなう滞在は許されていない。鈴木さんを訪ねた先は、南に三〇キロメートル離れたいわき市内に同漁協が確保した仮事務所だった。調べたくても、いまだ現地入りもままならない。

今度は鳥や哺乳動物をみよう。

福島県自然保護課は二〇一一年十月の狩猟期以降、県内で捕獲されたイノシシ、ツキノワグマ、ニホンジカ、ノウサギ、キジ、ヤマドリ、カモ類のサンプルを集め、放射能モニタリングを実施している。すでにイノシシ二八七頭、クマ九五頭、キジ五九羽などと、多くのサンプルが集まっている（数字は二〇一三年二月一日現在）。データは動物たちの内部被曝量の指標になる。

また宮城県仙台市青葉区に拠点を置く合同会社東北野生動物保護管理センターは、事故直後の夏から仙台市内でワナで捕獲したイノシシ、クマ、ニホンザルの放射線モニタリングを独自に継続中だ。

「たとえばイノシシは、今年（二〇一三年）一月末までに計五〇頭を調べ、放射性セシウム未検出の個体は一頭もいませんでした。平均値は約五五ベクレル／キログラムです」

と、同センターの宇野壮春《うのたけはる》代表が厚いファイルのページを繰りながら話してくれた。

「ところがその後、過去最高の二〇〇ベクレル／キログラムを超す個体が見つかったんです。それも同じ地区で三頭。事故から二年経っても、野生動物の体内の放射能レベルが下がったという実感は持てません」

とも。

仙台市は事故原発からざっと九〇キロメートル。放射能には半減期があるが、野生動物自身の優れた移動能力とあいまって、東日本の地図に重ねた「汚染エリア」は、むしろ広がっているかのようだ。

みたびＩＣＲＰ一〇八報告を参照すると、概ねすべての指標種で真っ先に被曝の影響を被るのが繁殖に関わる器官（卵・精子を含む）だとされる。幸いというべきか、現在のところ原発事故後に福島県内外で野生動物の繁殖成功率が下がったという報告はない。

でも、だから「健康に影響はありません」と、森や川の〝被曝者たち〟に告げられるだろうか？

山木屋の「虫こぶ」はなぜ異常をきたしていたのか――。

北海道大学の秋元さんが福島を訪問したのは、

「放射能が生態系に及ぼす影響を調査しようという（学会などの）動きが鈍いと思えたので、とりあえず自分で現地に行ってみようと思った」

からだったという。立ち入り規制が続く避難区域の外縁で、比較的空間線量率が高い地域、という以外に、虫こぶ採集地に川俣町山木屋地区を選んだ理由はなかった。

「汚染エリア」がむしろ拡大しつつあるようにも見える地図上に、まだたった数カ所にしかピンは刺さっていない。生き物たちに報いるには、愚直に調べ続けるほかないのではないか。

第4章　里が山に飲み込まれる

セイタカアワダチソウ

コンクリートと鉄筋とアスファルトで大地を固めてしまうのとはやり方が全く異なるとはいえ、「農」の営みもまた、長く「自然」をがっちり抑えつける役割を果たしてきたのだ——。

改めてそのことに気づかされる光景に福島で出会った。二〇一二年十一月、内陸の福島市から、東京電力福島第一原発のある太平洋岸に向け、レンタカーで阿武隈《あぶくま》高地を越えていく途上のことだ。

何番目かの小さな峠に差しかかった時、路上に妙にたくさん枯れ葉が舞い始めるようになった。坂を下ると視界が広がって、集落に出た。典型的な山間農業地域。道沿いにぽつりと古い木造商店があったのでスペースにクルマを寄せ、外に出た。商店のガラス戸の向こう側はカーテンで閉ざされ、人の気配はない。表のジュースの自販機も電源が落ちている。用意してきた「警戒・避難区域図」を確かめるまでもなく、「計画的避難区域」（年間積算放射線量が二〇ミリシーベルトを超す地域）に入ったことが分かった。

見渡す一帯は、なだらかな斜面に農地が広がっている。しかしそれが田んぼか畑か判然としない。名前通り大人の背丈以上に育ったセイタカアワダチソウ、それにススキやヨシ類が密生して、地面が全く見えないからだ。

普通だったらこの季節、水田なら刈り取り後の稲株が整然と並んでいたことだろう。大根畑なら何列ものウネを覆う黄色い葉の陰に根菜の白い肌が覗いていたはずだ。

だがいま集落は無人だ。ここは東京電力福島第一原発の西北三〇キロメートルあまりに位置する。人が住み続けるには過酷すぎる放射能に汚染されたせいで、だれもいなくなった。その後、わずか二シーズン耕作されなかっただけで、農地は農地の姿を保てなくなった。

抑える者が消えて、野山が里を飲み込み始めていた。

人の抑圧を解かれたのは田畑の「雑草」だけではない。

福島県内の狩猟者登録証交付数は、東日本大震災と東京電力福島第一原発事故を境に、三一％も減少した。その結果、たとえば県内の主要な狩猟対象獣であるイノシシ捕獲数は、震災前年の二〇一〇年度が三七三六頭だったのに対し、一一年度は三〇四七頭と、一八％落ち込んだ（グラフ1）。

放射能に見舞われ無人化した山間の集落で、農地が雑草に覆い尽くされていた。
2012 年 11 月6日、福島県伊達郡川俣町で。

グラフ 1　福島県内の狩猟者登録証交付数とイノシシ捕獲数

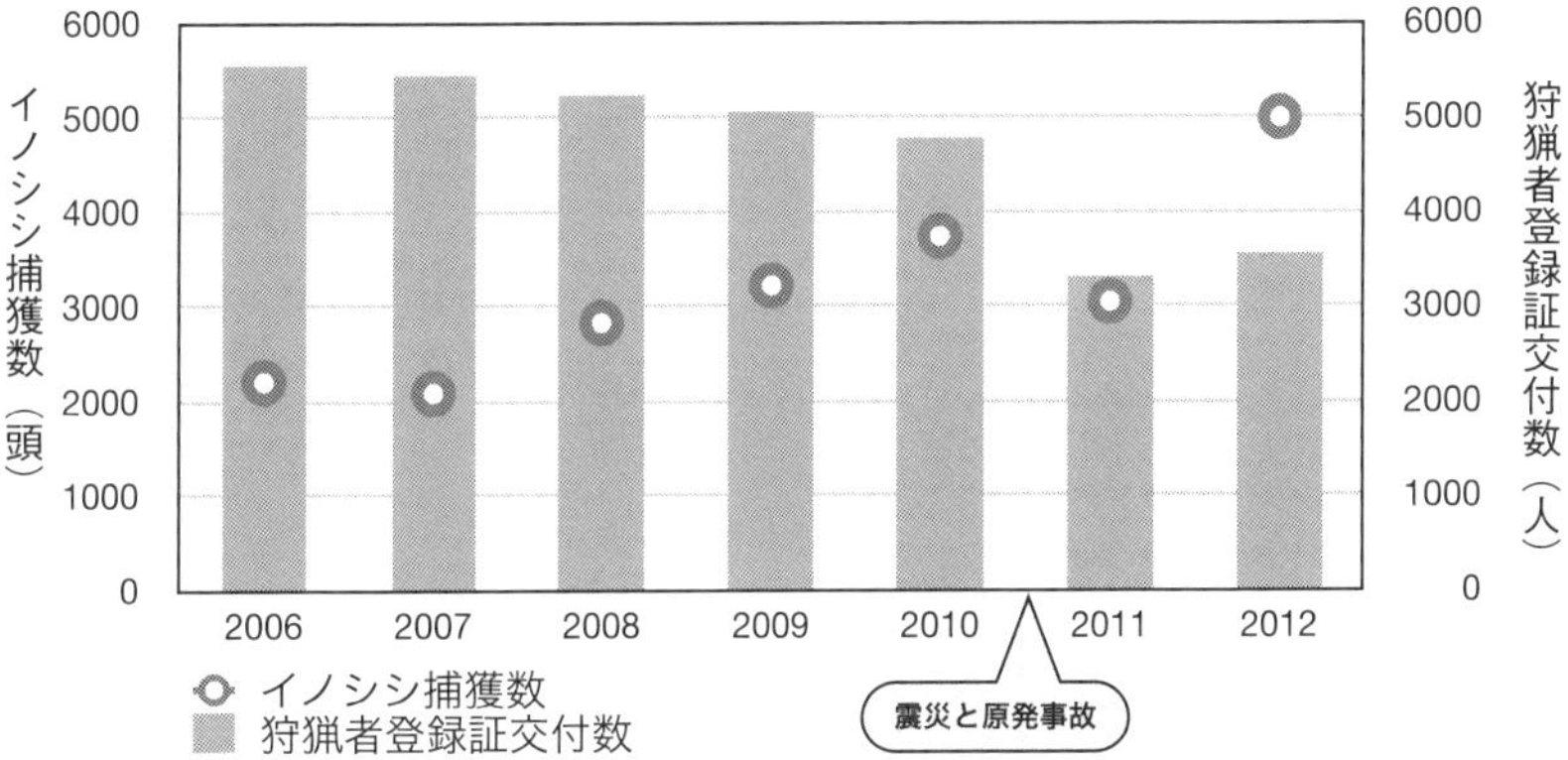

つまり、野生動物に対する「抑止力」もまた相当に低下したのだ。

福島県生活環境部自然保護課の酒井浩《さかいひろし》・野生生物担当主幹によれば、事故原発を擁する浜通り（福島県東部）では、放射能に見舞われて避難生活を余儀なくされている狩猟家たちの大半が登録手続きを見送ったとみられる。たとえば仮設住宅暮らしでは、猟銃所持者に義務づけられる「銃ロッカー」などの設備を調えるのが難しい。また被災後の生活再建に追われ「狩猟どころではない」と意欲を失ってしまった人が少なくないという。中通り（県中部）や会津（県西部）に住むハンターたちもそれは同じだ。

しかし「狩猟離れ」がこれほど進んだ最大の原因は、肝心の獲物たちが放射能にひどく汚染され、捕ったとしても肉を食べたり販売したりできなくなってしまったことだ。

政府の原子力災害対策本部（本部長＝内閣総理大臣）による野生鳥獣肉の出荷制限と摂取制限の指示は、福島県内では一一年十一月九日、浜通りに属する相馬双葉地区産のイノシシ肉で始まった。その後、原発事故から時間が経つにつれて適用範囲はむしろ拡大し続け、今年（一三年）二月十八日現在、イノシシ（浜通り、中通り）、ツキノワグマ（中通り、会津）、キジ、ヤマドリ、カルガモ、ノウサギ（いずれも県内全域）の肉の出荷が制限されている。解除のメドは立っていない。

種類・エリアともこんなに規制が拡大したのは、県の「野生鳥獣の放射線モニタリング調査」でこうした鳥獣たちの肉の汚染レベルがなかなか下がらないことに加え、一二年四月一日、食肉としての安全性を判定する値が「暫定規制」の五〇〇ベクレル／キログラムから「新基準」の一〇〇ベクレル／キログラムに引き下げられたせいもある。〈より一層、食品の安全と安心を確保するため〉（厚生労働省）の措置だったが、出荷制限解除へのハードルは数段高くなった。

「これとは別に、県も狩猟鳥獣の自家消費（販売せずに狩猟者自身が食べること）の自粛を要請しています。こんな状況下では狩猟意欲を持ってもらうのはなかなか難しい」（酒井さん）

これ以上の狩猟者減少に歯止めをかけるべく、県は一二年度のイノシシ猟期（十一月十五日〜三月十五日）に合わせ、「狩猟による地域環境保全対策推進事業」を実施中だ。狩猟者たちにイノシシ一頭につき五〇〇〇円の奨励金を新たに手当てすることにした。そのかいあってか、狩猟者登録証交付件数は前年並みを、イノシシ捕獲数は震災前のレベルを維持できた。

「もっと激減すると覚悟していた」と、酒井さんは安堵の表情を浮かべるが、かといって狩猟者数は原発事故以前の水準に戻ったわけではない。

加えて、担い手が避難して手つかずになった田畑には、植物だけでなく野生動物たちも侵入してくる。たとえばイノシシたちは、耕作放棄地に真っ先に生え出すススキやクズなどの植物が大好物なのだ。そうした場所は動物たちの新たな生息地（繁殖場、隠れ場）となって、個体数の増加を助ける。

福島第一原発の事故は、人と野生動植物との勢力関係を大きく変化させてしまったといえる。

グラフ2　福島県内の野生鳥獣による農作物被害額

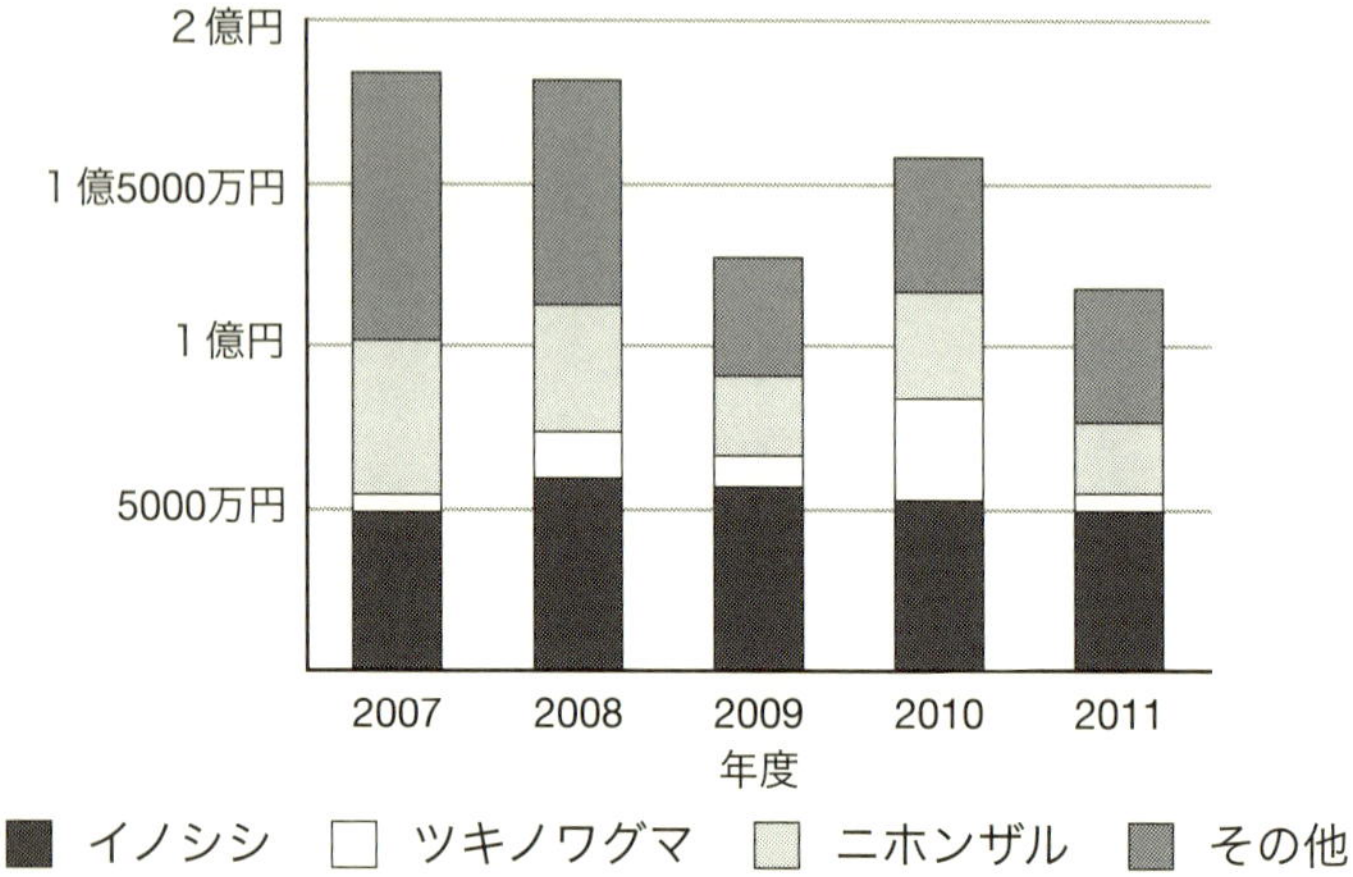

福島県病害虫防除所の集計データを元に作図。

負の連鎖が始まる

このことは地域にどんな事態をもたらすのだろう?

「震災と放射能汚染という厳しい状況におかれながら、それでも地元で何とか農業を再建しようと死にものぐるいで除染作業に取り組んでいる方たちが県内には大勢います。しかしこのままではせっかく営農を再開しても、おそらく野生鳥獣の集中攻撃を受けてしまう可能性が高い」

東北芸術工科大学（山形市）の田口洋美《たぐちひろみ》・東北文化研究センター長は危機感を露わにこう予測する。田口さんは東北地方を中心とした山人《やまんど》(注1)文化研究の第一人者として知られ、山間農地における「獣害の抑止力」としての狩猟（業）の重要性に早くから注目してきた。

震災前まで、福島の農地では年間一億数千万円ずつの鳥獣被害が報告されていた。県内農家にとっての「最強の敵」はイノシシで、例年五〇〇〇万円前後の損害が出ていた（グラフ2）。ただ全国的に見れば、一県当たりの鳥獣被害額は比較的小さい。たとえば兵庫県は、面積は福島の六割に過ぎないのに、イノシシの被害だけで年間二億五四七八万円（二〇一一年度実績、農水省の集計）に上っている。

つまり福島では、これまで野生動物たちからの「攻撃」を比較的うまくかわすことができていたといえる。さらに二〇〇九年には、従来は阿武隈川以東に限られていたイノシシ分布域が西方に広がる兆しが見つかったため、新たに「県イノシシ保護管理計画」を策定して〈個体数を増加させない（同川以東）〉〈生息地域を現状以上に拡大させない（同川以西）〉〈農業被害を現状以上に増加させない（全域）〉といった目標を掲げ、捕獲圧力をよりきめ細かくコントロールしようと務めてきた。県は他にクマ、サル、カワウの保護管理計画も立てている。

ただし、どの保護管理事業も捕獲従事者＝地元狩猟者たちの存在なしには立ちゆかない。

なのにその抑止力がなくなったら――。

「来るべき東北の崩壊の構図が目の前に現れてきたと、僕は思っています」

注1　主に東北地方の山間部に住み、古くからの伝統を重んじる狩猟者の集団、もしくは個人。マタギと呼ばれることもある。

と田口さんは話す。

狩猟者の人口減少と高齢化は、二〇世紀末には全国的な課題になっていた。近年の里地へのクマやサル、シカなどの〝大量出没〟を「動物を山へ追い上げる力が弱まっている証拠」と見なして警鐘を鳴らし続けてきたのが田口さんだ。

「三〇年後にこうなるだろうと予測していたことが、福島では原発事故のせいで早まった。地域に暮らすとは、そこに生息する野生動物とともに暮らすということ。東北地方の農業の歴史は少なくとも中世以前までさかのぼることができますが、まわりの野生動物と緊張感を保ちつつ何百年も共存し続けてきて、農家の人たちには〝田んぼと畑があれば何とか食べていける〟という安心感があったことでしょう。なのに今回、大地を放射能に汚され、その思いが根本から覆されてしまった。しかもこれから始まろうとしているのは新しい負の連鎖です。農地に手が入らなくなって動植物の侵入を許し、それを抑止する力も弱まり、共存バランスがとめどなく崩れていく……」

「負の連鎖」は続いて「害獣」たちの激増を招き、作物への食害を青天井で拡大させるだろう。農業の復興はいっそう困難になる。

震災から二年を経過したいま、その姿はまだハッキリした数字として見えてこない。冒頭でみた計画的避難区域の集落のように、被災して作付けが見送られている農地では、食害の起きよう

無人の町を徘徊するイノブタ（家畜）。2011年12月、双葉郡富岡町で撮影。福島県自然保護課提供。

がなく、被害額もゼロだ。

また捕獲圧力低迷の影響が実際に野生動物の個体数の積み増しとなってデータに現れてくるのは、繁殖期を何度か重ねた後だろう。ちなみにイノシシの成獣雌はほぼ毎年妊娠し、一度に平均四～五頭の子どもを産む。

県自然保護課の酒井さんが見せてくれた写真には、いずれ到来するだろう近未来が写っていた——ように見えた。ディスプレイに映し出された数カットのデジタル画像。人気のない舗装道を大型の獣たちが往来している。

「警戒区域」に指定されて無人化した双葉郡富岡《とみおか》町で、調査に赴いた県職員が撮影した写真だった。動物は町内の飼育場から逃げ出した家畜のイノブタ（イノシシと豚の交配種）たちだという。

撮影からさらに一年経った現在も町への立ち入り規制は続いている。イノブタたちは健在とみられ、今度は在来イノシシとの交雑が心配されている。

「これまでの野生動物行政とは、全く違うレベルの対応を求められていることは確かです」

と酒井さん。

「震災から時間が経過して、全国的にはショックが薄らいでいくのかも知れませんが……。われわれは現場にいます。長丁場になりますね」

第5章　東北の幸をとりもどす

生態系サービス

東京電力福島第一原発の過酷事故は、人と自然生態系とのつながりをズタズタに断線させた。私たちはこれからそれをどのように修繕していけばいいだろうか。

「生態系サービス」は、生物多様性が私たち人類にもたらしてくれている恩恵のことを指す用語だ。

二〇〇一年から〇五年にかけて世界九五カ国の研究者一三六〇人が協力し合って実施した「ミレニアム生態系評価」という国際プロジェクトの報告書に(注1)、代表的な生態系サービスが二四項目にわたって列挙されている。

注1　MILLENNIUM ECOSYSTEM ASSESSMENT（http://www.unep.org/maweb/en/index.aspx）

空気や水をきれいな状態に保ったり、衣食住の材料や燃料を与えてくれたり、心のストレスを癒やしてくれたり……。当たり前すぎてふだん気付きにくいけれど、もし失われたら途端に暮らしづらくなる「生物界の重要機能」が並んでいる。

同報告書は、二四の生態系サービスの質の変化について、それぞれ二〇世紀末時点での評価を試みている。それにならって、二〇一一年三月に起きた東京電力福島第一原発の過酷事故が、地元福島でこれら各項目にどんな変化を与えたかをチェックしてみた（左頁表）。

詳しい解析は無理としても、前と比べてサービスが上がったか下がったか程度ならシロウトでも判断がつく。変化がよく分からない項目はとりあえず「－」（変化なし）と判定してある。それでも全体の六割に「▼」（サービス低下）の印がついた。「▲」（サービス向上）と思われる項目はなかった。

もちろん、事故原発から県境まで最長一七〇キロメートルもある福島県の全域でこのような低下が一様に起きているわけではない。同じ「▼」をつけた項目でも、場所によって低下の程度はかなり違う。

原発から二〇キロメートルの圏内とその北西部地域に設定されている政府による避難指示区域――「帰還困難区域」「居住制限区域」「避難指示解除準備区域」では、言うまでもなくあらゆる生態系サービスを受け取れない状態が続いている。

その外側に、居住制限こそかかっていないものの、海や農地や森が汚染され、地元産の魚や野

福島第一原発事故後の生態系サービスの変化

		主な生態系サービス	事故後の変化	理由
①	供給サービス	作物	▼	汚染による出荷制限。
②		家畜	▼	汚染による出荷制限。
③		漁獲	▼	汚染による出荷制限。
④		栽培漁業	▼	汚染による出荷制限。
⑤		山菜、木の実、狩猟肉	▼	汚染による出荷制限。
⑥		材木	▼	汚染による出荷制限。
⑦		綿、麻、絹	―	
⑧		薪炭	▼	汚染による出荷制限。
⑨		遺伝資源	―	
⑩		生物化学製品、自然薬、医薬品	―	
⑪		真水	▼	河川水の汚染。
⑫	調整サービス	きれいな空気の調整	▼	高い放射線量。
⑬		地球レベルの気象調整	―	
⑭		地域レベルの気象調整	―	
⑮		水の調整	―	
⑯		浸食作用の調整	―	
⑰		水による浄化・分解	▼	放射能は分解不可能。
⑱		疾病の調整	―	
⑲		害虫／害獣の調整	▼	耕作放棄で繁殖助長。
⑳		授粉	―	
㉑		自然災害の調整	―	
㉒	文化サービス	精神的・宗教的価値	▼	放射能への不安増大。
㉓		美的価値	▼	放射能への不安増大。
㉔		休息の場、エコツーリズム	▼	自然の中に入れない。

「▲」は向上、「▼」は低下、「－」は変化なし、もしくは変化不明。

菜や獣肉、山菜などを出荷も消費もできない地域がある。ここでは①〜⑪に属する「供給サービス」の劣化がひどい。

さらにその外縁に、被曝の最小化を望む住民たちが不安にかられて離脱した跡地が広がる。「供給サービス」や「調整サービス」は受けられるとしても、より遠くへの避難を選んだ人たちにすれば、森林浴を楽しんで精神的な癒しを得るといった「文化的サービス」は、損なわれたままと映っていることだろう。その範囲は県境をあっさり突破している。

原発災害からの復興を目指す時、放射能汚染によって断ち切られてしまったこれらの生態系サービスを少しでも取り戻さないことには始まらない。

すでにみたように、海や川の魚、森の木々、林床の落ち葉、きのこ、ミミズ、そのほかの野生動物たちの体内に、無視できないレベルの放射能が維持されている。放射能には物理的な半減期があって、（いまだ事故原発から漏洩し続けている分を除けば）全体量は時間の経過とともに減少しているはずだが、一部の生物では核種の崩壊ペースを上回る勢いで吸収が進み、体内の放射能濃度がむしろ増大している個体も見つかっている。

その代表格がイノシシである。福島県の「野生鳥獣の放射線モニタリング調査」によると、事故発生からちょうど丸二年の今年（二〇一三年）三月十一日になって、南相馬市で捕獲されたイノシシ一頭の筋肉から、他の調査対象種（ツキノワグマ、キジなど狩猟鳥獣八種）を含めても過去最高値の六万一〇〇〇ベクレル／キログラムの放射性セシウムが検出された。

森の中で特に放射能が溜まりやすい落葉層や浅い地面を持ち前の強力な鼻先で掘り起こしながら食べ物を探し回る習性が、行動圏内にホットスポットを持つ一部のイノシシたちの「放射能大量摂取」を助長しているとみられる。

仮にこのレベルのイノシシ肉を三〇〇グラム、ぼたん鍋や焼き肉にして食べたとすると、放射性セシウム一万八三〇〇ベクレルを経口摂取することになり、大人の場合、だいたい〇・二〜〇・三ミリシーベルトの追加被曝を受ける計算だ。年に四〜五回食べたら国際放射線防護委員会が勧告する公衆の年間線量限度（一ミリシーベルト）に達してしまう。

上手に調理された野生イノシシ肉の味わいは格別だ。一ミリシーベルトの放射線を浴びることの意味を「生涯のガン死リスクが一万分の一程度、上乗せされる被曝」（米科学アカデミー放射線生物影響委員会の評価）と確認したうえで、「年に数度なら」とリスクを取って食欲を優先させるジビエ愛好家はいるだろう。

逆に言えば、そのようなリスク管理の意識なしにイノシシ肉は食べられない。意識せずに済むようにという親心でもなかろうけれど、政府・原子力災害対策本部は野生鳥獣の肉にも「一般食品の放射性セシウム基準値」（一〇〇ベクレル／キログラム）を適用し、イノシシの県内主要分布域である浜通り・中通り地区で獲れるイノシシの肉の出荷を規制し続けている（規制エリアは、二〇一三年夏以降、全県域に拡大された）。

こんな状態では、事故前のような「供給サービス」（⑤）の復旧は遠い。それがハンターたちの狩猟意欲減退に直結しているのだが、このことが今後二次的に調整サービス・文化的サービスのいっそうの低下を誘発する可能性が指摘されている（第4章参照）。

狩猟は食料調達の手段であると同時に、野生動物たちの数を抑え込み、山奥に追い上げて里への侵入を防ぐ役割をも担っている。そのパワーが弱まれば、農地は野生動物の襲撃を受けやすくなり⑲、また地元で培われてきた狩猟技術や文化が失われてしまいかねないのだ㉔。

一部のサービスが停止すると、連鎖的に他のサービスも滞ってしまうというわけだが、さてどうやって食い止めればいいだろう？

福島に野生動物マネジメントを

人の生活圏と野生動物の生息域が重なるエリアで、両者の軋轢《あつれき》――人にとっては農作物食害など、動物にとっては過酷な捕獲圧力など――を最小化するために編み出された、ワイルドライフ・マネジメント（野生動物保護管理）という技術がある。

相手動物の群れの健康を保ちつつ、食害の規模を住民が受忍可能な範囲内に止めおくことを目標とし、相手動物の個体数と分布範囲をいつも最適レベルに維持するため、捕獲圧力を小まめに調整するのだ。国内では一九九〇年代から北海道でエゾシカ、二〇〇〇年以降は兵庫県・長野県などでツキノワグマを対象にした取り組みが始まり、行政・研究機関・狩猟者・住民などの協働によって一定の成果を上げている。

一四年五月三十日、国会は「鳥獣の保護及び狩猟の適正化に関する法律」改正を可決し、名称を「鳥獣の保護及び管理並びに狩猟の適正化に関する法律」と変更したうえ、〈この法律において鳥獣について「保護」とは、生物の多様性の確保、生活環境の保全又は農林水産業の健全な発展を図る観点から、その生息数を適正な水準に増加させ、若しくはその生息地を適正な範囲に拡大させること又はその生息数の水準及びその生息地の範囲を維持することをいう。この法律において鳥獣について「管理」とは、生物の多様性の確保、生活環境の保全又は農林水産業の健全な発展を図る観点から、その生息数を適正な水準に減少させ、又はその生息地を適正な範囲に縮小させることをいう。〉（同法第二条第一項）

と、明確に定義し直した。

福島でこれを応用し、体内に放射能を帯びたイノシシの群れをコントロールすることを目指す、というのが、生態系サービス低下の連鎖を食い止めるひとつの答えになると思う。(1)個体数をいま以上に増やさず、(2)分布域を広げない、の二点が当面の管理目標となるだろう。

避難指示区域を擁する域内でのイノシシ・マネジメントは、群れの状態を把握するための生態学的モニタリングにせよ、実際の捕獲作業にせよ、従事者を守るための放射線被曝管理が欠かせない。従来の日本のワイルドライフ・マネジメントでは、動物の捕獲を主に狩猟者のボランティアワークに頼ってきたが、福島ではそれは通用しないということだ。従事者に「プロの行政ハン

福島県内のイノシシ分布域
「福島県イノシシ保護管理計画」（2010年）を元に作図。

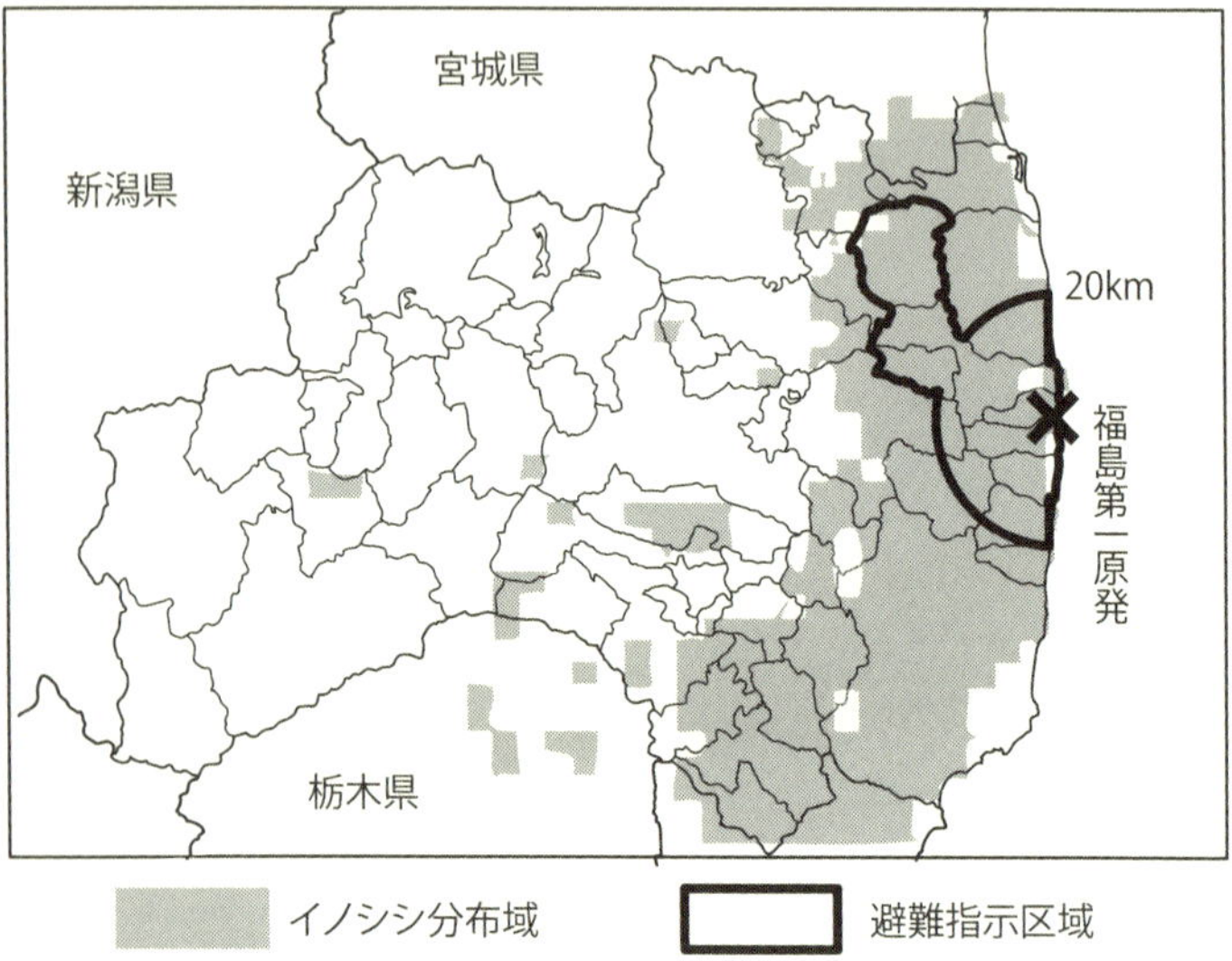

ター」として公務員並みの身分を保障するなど、新たな仕組みが必要だろう。

捕獲したイノシシの処理も課題になる。

福島県内のイノシシ分布域は主に阿武隈川東側の太平洋岸だ。福島第一原発事故による避難区域に重なっているのは偶然だが（地図）、そこに暮らすイノシシたちをできるだけこのエリア内に抑え込んでおくことは重要だ。移動能力に優れたイノシシは放っておいたら町境も県境もお構いなしに分散していくが、食害域の拡大のみならず、福島の高濃度汚染地で放射能を大量摂取した個体が遠くの〝クリーンな〟場所で捕獲されると、その自治体でも同じように全頭出荷停止措置、つまり「供給サービス」の急低下を招いてしまうからだ。いったん規制が決まると〈原則として一市町村当たり三か所以上、直近一か月以内の検査結果がすべて基準値以下であること〉という条件を満たさなければ解除できない(注2)。

震災前年までの県内の捕獲実績から推量すると、前記二点の管理目標を達成するには、少なくとも年間三〇〇〇～四〇〇〇頭のイノシシを捕獲し続ける必要がありそうだ。そのすべてを「出荷も食べることもできない放射性廃棄物」と見なさざるを得ない現実は、この原発事故への怒りを改めて増幅させる。

それを忘れないまま、せめて捕獲するイノシシたちの命に少しでも報いるために、あるいは地元の食文化を途絶させないように、またわずかでも流通を復活させて被災地の復旧につなげたいという願いも込めて、ひとつ思い切った提案をしたい。

まず、前述した出荷規制のやり方を一律方式から全頭検査方式に切り替える。つまり、ある自治体で一頭でも基準値超えが出たら問答無用で全頭出荷停止、とするのではなく、捕獲・解体したイノシシ一頭ずつの肉を検査し、基準値未満なら出荷できるようにする。

さらに、イノシシ肉を「一般食品」のカテゴリーから除外し、放射性セシウム基準値を現行の一〇〇ベクレル／キログラムから五〇〇ベクレル／キログラムに引き上げる。これは二〇一二年

注2　原子力災害対策本部「検査計画、出荷制限等の品目・区域の設定・解除の考え方」

三月までの「暫定規制値」と同じ値である。

「低線量被曝の健康影響は解明されていないのだから、現行の一〇〇ベクレル／キログラムの基準値さえ甘すぎる」と考える消費者は少なくない。一〇〇から五〇〇への再変更は「安全基準の緩和」と映るかも知れない。しかしこれはリスクゼロを目指す人にまで「被災地産の野生イノシシ肉をどんどん食べなさい」と無理強いするプランではない。基準値（一〇〇ないし五〇〇ベクレル／キログラム）未満の「安全な」野生イノシシ肉を食べたい、売りたいと思っても、一片たりとも流通させることができない現状を変えたい、と言っているのだ。

さきほど最高値のセシウム濃度をマークしたイノシシについて述べたが、だからといって「野生イノシシは全部危険」と短絡してしまっては、それこそ風評を振りまいてしまう。汚染レベルは個体差がきわめて激しい（グラフ1）。過去一年間の福島産イノシシ肉の放射線モニタリング結果をみると、全体の五〇％は五〇〇ベクレル／キログラム以内に納まっている（グラフ2）。上述のプランを実施して年間五〇〇〇頭ずつを捕獲したら、そのうち二五〇〇頭ほどを食材として取り戻せる可能性がある。

もちろん食肉化の際の全頭スクリーニングと汚染レベルの表示が大前提で、そのための仕組みを整備しなければならない。

また食べたい人は表示情報を頼りに自分のリスクを管理することになる。たとえば、五〇〇ベクレル／キログラムの肉を三〇〇グラム食べるたびに二～三マイクロシーベルトの追加被曝（大

グラフ１　福島県北部で捕獲されたイノシシのセシウム濃度。

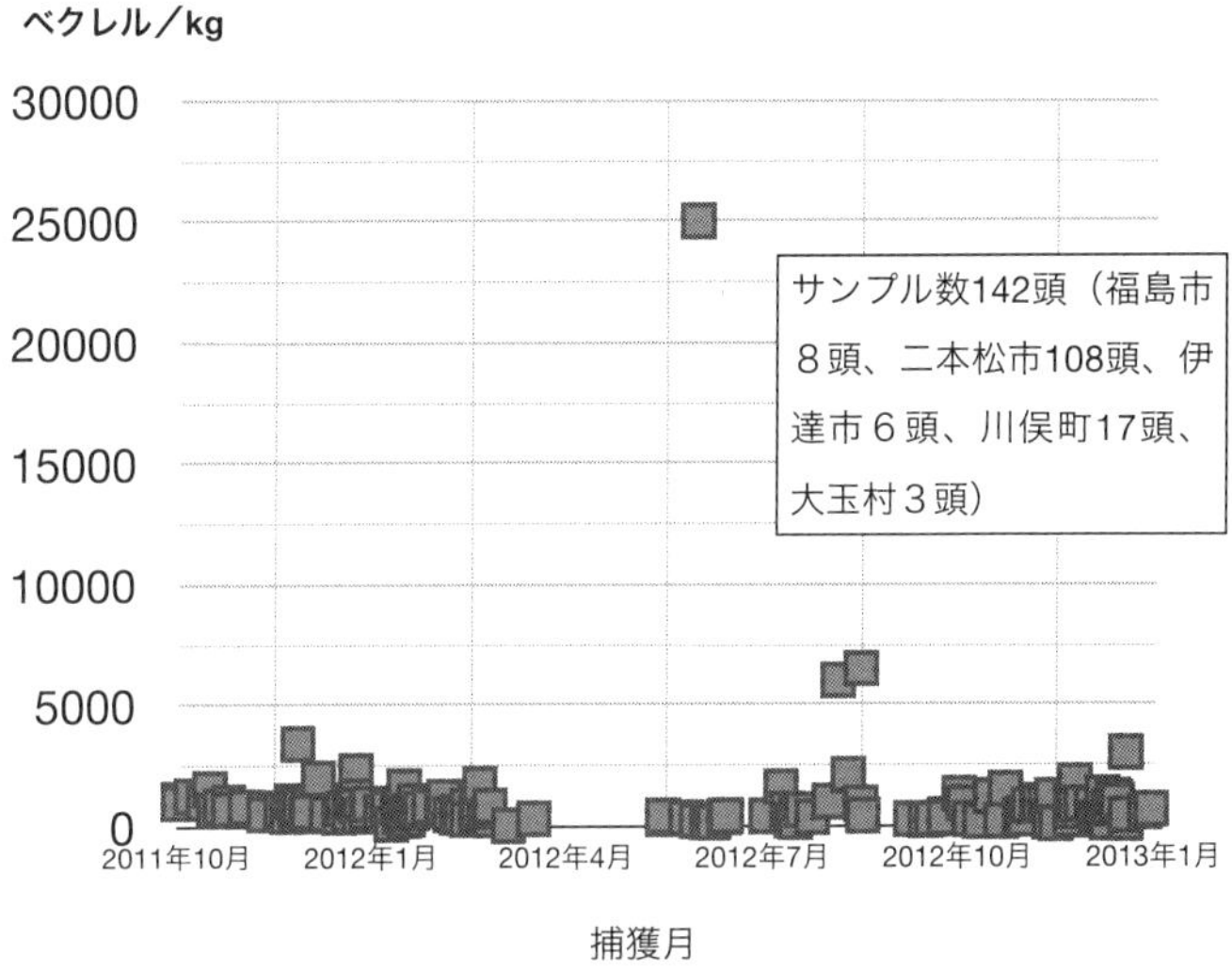

福島県公表のデータを元に作図。

グラフ２　福島県内で捕獲した野生イノシシの放射能濃度別の割合

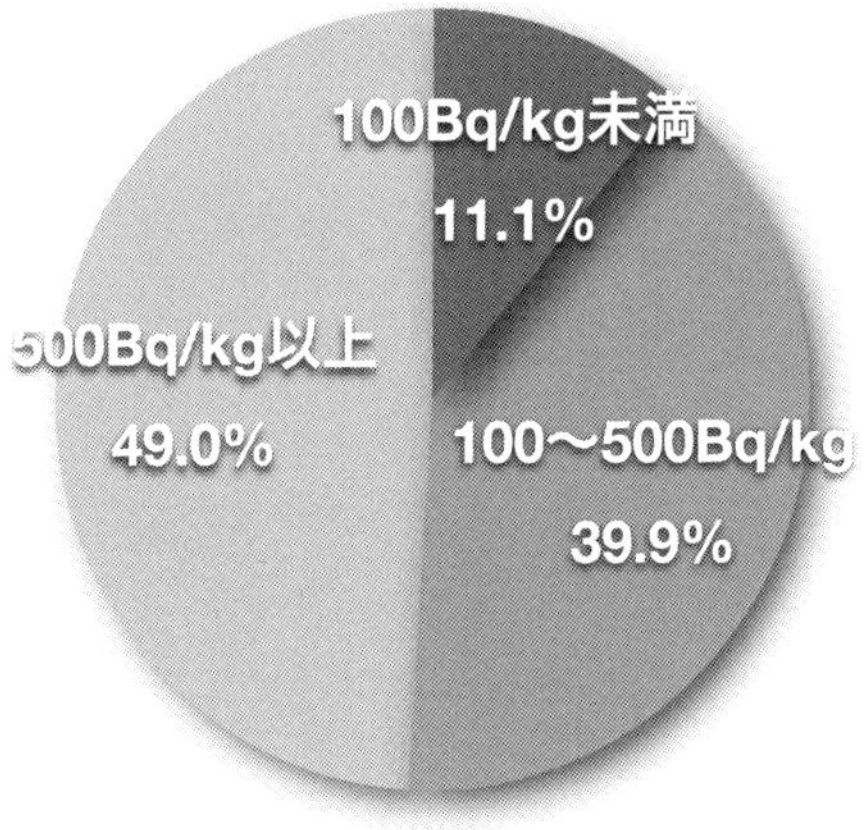

2012年３月〜13年２月に県内で捕獲された204頭の分析結果。福島県のデータを参考に作図。

人の場合)、といった具合に計算し、記録をつけて摂取量を調節するのだ。

何とも煩わしい食べ方には違いない。でも、そうでもしないと生態系サービスを受け取れない、というのが「3・11後」の非除染地帯の環境なのだ。

第2部　二〇一三年夏

東日本大震災にともなう東京電力福島第一原発の過酷事故発生から三〇カ月が経った。バラまかれた大量の放射能のせいで避難区域を示す地図上のいびつな図形は一向に縮小せず、約八万四〇〇〇人（震災前の住民人口）が脱出したその内側では、高線量にさらされつつもニッチ（生態学的な隙間）を埋めるべく動植物の勢力争いが激しい。地元のナチュラリストたちの案内で各地を巡った。

第6章　避難指示解除準備区域にて

四つの脅威

夕立をもたらした黒雲が過ぎ去り、八月上旬にふさわしい強烈な日差しが戻ると、地面から湯気が立って蒸し暑さがさらに増した気がした。雨具を脱いでTシャツ姿になり、境内の早くも乾きかけの敷石を伝って歩く。蝉時雨を浴びながら、厳めしい造りの本殿に見とれていたら、前を行く南相馬市博物館の稲葉修《いなばおさむ》学芸員が「こっちです」と、向かって左側の建物に誘った。「絵馬殿」と表示が見える。

古びた木造屋の裏に回ると、稲葉さんが板壁の一部を指さした。黒っぽく変色した壁の表面に、釘で引っかいたような傷が無数に入っている。これは爪痕？

「アライグマです。ついにこんなところまで出るようになってしまった」

と、稲葉さんは言った。

ここ相馬小高神社《そうまおだかじんじゃ》は、福島県南相馬市小高区の中心街を見下ろす丘の上に鎮座している。前身の小高妙見社《おだかみょうげんしゃ》の成立は一三二〇年代というから、鎌倉時代の末期からここに立ち続けていることになる。

地元の人びとがこの場所を大事にしていることは一目で分かった。このエリアは、東日本大震災と福島第一原発過酷事故の直後に警戒区域（二〇一二年四月十五日まで。翌日から避難指示解除準備区域）とされて以来、ずっと宿泊禁止・営業再開原則禁止の措置が続いているにもかかわらず、ほとんど荒廃が見られないからだ。

掃除したてなのは、つい先週（七月最終週）「相馬野馬追《そうまのまおい》」が開催されたばかりというせいもあるだろう。三日間にわたるこの地方最大の行事のうち、最終日を飾る「野馬懸《のまかけ》」（放った裸馬を素手で捕らえて献納する神事）の舞台がここ小高神社である。震災の年こそ別会場に譲ったものの、昨年（二〇一二年）は復活。今年（一三年）、境内は約一二〇〇人の見物客で賑わったそうだ。

その当日、イベントを撮影記録するために稲葉学芸員もここにいた。博物館では生物部門の担当だが、文化部門の業務も回ってくる。念のためにと調べに回った絵馬殿で、外壁に新しい爪痕を見つけたのだった。そばの地面に残っていた特徴的な足跡から「容疑者」は容易に特定できた。

稲葉さんが勤務する南相馬市博物館には、震災前から野生アライグマ（環境省指定特定外来種。北米大陸原産）の出没情報がちらほら集まりだしていたという。しかしもっぱら郊外での目撃ばかりで、こんな市街地に姿を現したことはなかった。

「町から住民が消え、（自然界に対する）テンションがなくなったせいで、人と野生動物の関係性が大きく変化しているんだと思います。でも、よりによって町のシンボルである小高神社が被害に遭うなんて。ショックは大きい」

と、稲葉さんは表情を曇らせながら話した。

人が消えた後の家屋はアライグマたちには格好のねぐらになる。食品が残っていればなお好都合だったろう。避難先から一時帰宅した際、家中が野生動物に荒らされていたら、だれしも途方に暮れてしまう。それでも何とか防衛すべく、軒下や縁の下の開口部を塞ぎ、自治体から捕獲ワナを借り受けて仕掛けるが、ワナに動物がかかっていないかどうか毎日チェックするのも避難者にはままならない。稲葉さんはそんな市民たちからの相談を受け、志願して何軒か分のワナの見回りを引き受けている。

自身は、被曝に伴う健康リスクの増加をストレスと感じつつも、

「放射能汚染地帯の博物館員として地域の生態系の変化を記録し続ける意義を感じている」

という。

「ワナによる捕獲記録は定点観測のデータにもなりますしね……」

そんな話を聞きながら次に向かったのは、国道六号線沿いの農家。留守だったが、稲葉さんがあらかじめ取材許可をもらってくれていた。

大きな家で、母屋と離れ屋、牛舎に倉庫もある。だが近づくと、仮に放射線量が低くてもこの

ままでは住めそうにないことが分かった。母屋も離れも、建物全体が見た目にハッキリ傾いでいる。窓ガラスの割れ目からうかがった暗い内部（居間らしい）は、まさに大地震後の有様だった。二年前の三月十一日、この一帯は震度六弱の揺れを記録した。日を置かず警戒区域とされ、いまだ再建できる環境にはない。

人の姿が消えた家に、やがてアライグマたちの侵入が始まった。庭にカゴワナがセットされ、これまで通算七頭が捕獲されている。最後の二頭はちょうどひと月前（二〇一三年七月）、稲葉さんが同じ日に続けて捕獲した。

きょう、寄せ餌のマシュマロを仕掛けた二台のカゴワナに獲物の姿はなかった。もし捕獲が成功したら、その場で「処置」を施す。カゴワナごとビニール袋に密封し、一酸化炭素（クルマの排ガス）を吹き込んで安楽死させるのだ。筋肉中の放射性セシウム濃度を調べるのにサンプルをとること以外、全国で行なわれている外来種捕獲作業と変わらない。肉体的にも精神的にも重苦しい仕事だろうことは想像がついたが、稲葉さんは口にしなかった。

家畜のいない古い木造牛舎を覗くと、積まれた荷物の陰に動くものが。まさかアライグマ？　慌ててカメラを構えたら、子猫だった。続いてもう一匹。家主は愛猫家だという。避難先に連れて行けなかったこれらペットたちに、飼い主が一時帰宅のたびにフードをまとめて与えているとしたら、皮肉なことだが、それが害獣を引きつける一因になっているかも知れない。

外来種アライグマが日本列島で「侵略的」とされる一番の理由は、在来種に対する圧力の強さだ。特に水辺の小動物――魚類、両生類、甲殻類など――を好んで食べるので、小さな水域の在来種個体群は、アライグマたった一頭の登場でもいっぺんに絶滅の危機にさらされることになる。

小高区では、たとえばトウキョウダルマガエル（環境省レッドデータブック・準絶滅危惧）の行く末が心配されている。

稲葉さんがハンドルを握る博物館の軽ワゴンは、今度は小高川右岸地区へ。道沿いに瓦屋根の一戸建てが並んでいるが、小ぎれいだった小高神社や中心街区と比べて、明らかに雰囲気が違う。道路上こそガレキは片付けられて通行に支障はないが、路肩も家の庭も、夏草が伸び放題なのだ。ごくたまにクルマが通過するほか、人影はない。海岸からここまで約二キロメートル。大震災の日、津波はここまで到達した。よく見ると、一階部分は家財がすっかり流され、まるでぽっかり穴の空いたような家ばかりだ。

カエルなどの両生類は海水に耐えられない。津波の襲った沿岸部で、大半の生息地が失われたと考えられている。しかし稲葉さんの調査で、何カ所かかろうじて生き残った場所のあることが分かった。ここはそのうちのひとつだという。

道路の側溝に湧き水が貯まり、わずかずつ流れている。

「ほら、そこに」

側溝の縁でひなたぼっこするように、黒と茶のまだら模様のカエルが座っていた。鼻からお尻まで五センチくらい。トウキョウダルマガエルだ。少し離れた位置にもう一匹。ふつうの状況ならありふれた夏の情景だが、巨大津波と高放射能に見舞われ、侵略的外来種の脅威にもさらされているこのフィールドでは、かけがえない灯火のように見える。

そばに、道路の復旧工事の開始を知らせる看板があった。

「せっかく震災から生き延びた小さな生息地が、復興工事であちこち潰されてしまっているんです」

と稲葉さん。

「ここも注意して工事するよう、建設事務所に念を押しておかなければ」

急ピッチで進む復興計画のなかで、自然環境への配慮は置き去りにされている。津波・放射能・外来種の三つの脅威に、いま「人間活動の再開による脅威」が重なりだしている。

生きていたミナミメダカ

路傍で大きく傾いたままの電柱を横目に、さらに東（太平洋側）に進むと、水田地帯になった。「もと水田」と言ったほうが今は適切で、ヨシ、ヨモギ、ハコベ、クズ、ススキ、アメリカセンダングサ、セイタカアワダチソウ、ブタクサなど、パイオニア植物（裸地に最初に根づく植物）たちが盛大に群落を形成している。三シーズン連続の耕作停止は、農地を一気にここまで再野生化させてしまう。

大地震と津波、放射能に見舞われて、無人化した農家の田んぼは雑草に覆われていた。2013年8月7日、南相馬市小高区の避難指示解除準備区域で。

クルマを停め、側溝を覗いて生き物を探す。少し離れた場所で稲葉さんが素っ頓狂な声を上げた。

「あー、メダカがいる！」

駆け寄ると、かがみ込んだ稲葉さんのタモの中で小魚が跳ねていた。体長二三ミリ。透明感のある褐色の体。真っ黒な目。

「間違いない、在来のミナミメダカです。いやー、よかった。よく生き延びていたなあ」

メダカ（環境省レッドデータブック・絶滅危惧II類）もまた震災で大きなダメージを負った。巨大津波の後、福島県浜通り（相馬市、南相馬市、双葉郡六町二村、いわき市）の被災地域で再発見されたメダカ生息地は、これまでわずか五カ所に過ぎない。新たに六カ所目が見つかって、稲葉さんは思わず感激の声を上げてしまったのだった。

側溝の浅い水中には、メダカたちが群れ泳いでいた。そばには汽水性の小型ガニの姿も。そんな小動物たちを目当てに飛来したのだろう、ダイサギやアオサギなどの大型鳥類も目立つ。大震災から三〇カ月を経て、無人化した元・水田地帯で、自然生態系が力強く復活し始めているようにも見える。

ただし、ここは非除染地帯＝放射能汚染エリアだ。

環境省の野生生物モニタリング調査では、事故原発の北西七・五キロメートルの距離にある浪江町井手《いで》猿田《さるた》地区（帰宅困難区域）のため池――ここから南に一三キロメートルほど――で採集したメダカの体内から、七七四〇ベクレル／キログラム（二〇一二年五月、採集当時の空間線量率二五・四マイクロシーベルト／時）、三万五七〇〇ベクレル／キログラム（同六月、同二四・〇）、九七八〇ベクレル／キログラム（同十月、同二九・〇）と、放射性セシウムが高いレベルで検出され続けている（数値はいずれもセシウム134と137の合計値。消化管内容物を含めた測定、湿重量比）。

原発事故による人工放射能の〝大量散布〟によって、野生のメダカやほかの生物たちにどんな影響があるのか、はっきりとは分からない。3・11後の経過観察が「症例」として積み重なっていくのみだ。

タモに乗せたまま写真記録をとった後、稲葉さんは、

「悪かったな、元気でな」

と口にしながらメダカをそっと水に戻した。

果たしてそこが彼らにとって安住の地なのかどうか……。かといって、声をかけながらリリースする以外、他になすすべも見当たらない。

第7章　20キロ圏内ナイトツアー

いったん南相馬市原町区（避難指示解除準備区域の外側）に戻って、老舗のホテル「扇屋《おうぎや》」にチェックインし、近所の「中華料理福来臨《ふくらいりん》」で夕食をとった後、引き続き南相馬市博物館の稲葉修学芸員に特別にガイドをお願いして、事故原発二〇キロメートル圏内の夜の野生動物ウオッチングに出かけた。レンタカーの助手席に木村聡カメラマン、後部座席に稲葉さんを乗せて、午後八時過ぎ、ホテル前を出発。

街灯に照らされて明るい原町区の中心街から五分ほど走って避難ゾーンに入ると、あたりは暗闇に包まれた。検問所こそないが、宿泊禁止令が長く続く無人地区である。

ここ南相馬市小高地区を含め、原発事故のせいで約八万四〇〇〇人の住民が避難を余儀なくされているエリアで、イノシシやニホンザル、ハクビシン、アライグマなどの野生獣が急増している、と聞いていていた。環境省が七月に発表した「平成二四年度福島県における野生鳥獣の生息状況等に関する調査結果（概要）」によると、原発事故前まで平野部ではめったに見かけることのなかったイノシシ、ニホンザルが、海岸を含む広い範囲に生息するようになり、田んぼのあぜの破壊、農地の掘り起こし、民家の庭の掘り起こしなどが頻発している、という。

その様子を稲葉さんは「動物たちが国道六号線をやすやすと越えるようになった」と表現する。

東京と仙台を結ぶ国道六号線は、南北約一六〇キロメートルに及ぶ阿武隈高地の東側（太平洋側）の麓に沿って福島県浜通り地方を縦貫している。三年前まで、阿武隈高地の森林性動物たちがこの国道を越えて海側にやってくることはまれだった。

「なのに震災後、イノシシもサルも平気で海岸までやってくるようになりました」（稲葉さん）

人間が一斉に姿を消した後の土地に、それまで山に封じられていた獣たちがまるであふれ出してきているみたいだ。昼間案内してもらった六号線そばの休耕中の田んぼにも、イノシシが餌を探したらしい新しい掘り跡が生々しく残っていた。

稲葉さんのナビで、これまで何度も目撃実績があるというポイントにさしかかった。

陸生野生動物の生息密度を調べる方法のひとつに「スポットライト・センサス」がある。日没後、自動車で生息地内の道を一定速度で走行する。同乗の調査員二名がそれぞれ強力なスポットライトを持ち、車内から左右の草原や森林内を照射。クルマ前方に出現するものも含め、振り向いた夜行性動物の目がライトを反射して明るく光るのを一頭ずつカウントするのだ。

今夜はその真似ごと。まわりに他の自動車や歩行者がいないのを確認し、ヘッドライトをアップビームにして前方に目を凝らしながら、低速でクルマを走らせる。

数分間は気配なし。と、五〇メートルほど先で何かが動いた。「イノシシ！」の声から一拍おいて、木村カメラマンのシャッター連写音が響く。

クルマのライトが相手の全身を浮かび上がらせた。ゆっくりブレーキを踏んで停車。動物は左から右に道路を横断し、路肩で少し止まって、こちらを気にする仕草を見せた。一頭きりだ。イノシシとしては中型だろう。一秒後、獣はそのまま路外の草むら——三年前まで水田だった地帯——の中に消えた。

稲葉さんによると、実はこの界隈では、今年に入ってイノシシの目撃数は急に減った。市当局が避難指示解除準備の一環として駆除に乗り出しているせいだろう、という。毎月二〇頭ずつ捕れているというからかなりのハイペースだが、この数字、生息密度の高さを表してもいる。

二頭目には出合わないまま、集落の交差点に出た。午後九時から黄色シグナルの点滅モードに変わるという信号機だけが、無人の路面を明るく染めている。もしかしたら動物が現れるかもと、路肩に停車して「待ち伏せ」を試みる。

エンジンを切るとエアコンが止まって急に蒸し暑くなる。車外に出た。小雨が上がったばかりで、四方八方の湿った空気をアマガエルたちの大合唱が振るわせている。彼らもまた、津波・放射能・外来種の脅威に直面しつつ、きょう一日を生き延びたものたちだ。

原発事故による一斉避難の後、人目の消えた街々では、家屋への侵入や窃盗の被害が深刻化しているそうだ。宿泊禁止令の続くこのエリアも同様で、ほうぼうに監視カメラが設置されたほか、警察や、住民有志による夜通しのパトロール活動が常態化している。そんなエリアで、稲葉さんは夜行性動物の調査のために日が暮れてから出動することも少なくない。

「一晩に最高で七度も職務質問されたことがあります」

と話して笑わせた稲葉さんだが、今ではそうやって顔見知りになった隊員たちからパトロール中の動物目撃情報をもらうことも多いそうだ。

一時間粘ったものの、待ち伏せは空振りに終わった。

そろそろ撤収しようと道を戻りかけると、横丁の暗がりから一台のクルマが。白黒のツートンボディに「山形県警」のロゴが見える。他県からの応援隊だ。停車するようサインを送られた。四人の制服警官に取り囲まれると、さすがに少し緊張する。稲葉さんが博物館員証を提示して事情を説明したが、あいにく相手は四人とも初対面で、すぐ放免とはならない。運転免許証を提示し、五分ほどやりとりしてようやく、

「あちこち工事中ですからくれぐれも走行に注意して、早めに帰って下さい」

と解放された。

第8章　アユが放射能をため込む理由

若アユたち

過酷事故を起こした福島第一原発を挟んで、南相馬市のちょうど正反対に位置する双葉郡楢葉町の木戸川漁業協同組合にやって来た。

青空の下、目の前の木戸川は涼やかな水音を響かせている。小規模だが、美しい清流だ。ただし、河原には人っ子ひとりいない。震災前のこの時期この時刻、この川の状態なら、大勢のアユ釣り師たちが水中に立ち込んでめいめい長竿を操っていただろうに……。

事務所建物のそばで、組合代表理事の松本喜一《まつもときいち》さんと、鮭ふ化場長の鈴木謙太郎さんが迎えてくれた。鈴木さんとは五カ月ぶりの再会だ。前回は避難先のいわき市内の仮事務所内で、三〇キロメートル離れた木戸川を思い浮かべながらのインタビューだった（第３章）。次は川のほとりで会いましょうと約束していた。

木戸川漁協の松本喜一さん（右）と鈴木謙太郎さん。2013 年 7 月 1 日、双葉郡楢葉町の木戸川で。

太平洋に注ぐ河口からこの漁協の建物まで約一キロメートル。三〇カ月前、震度六強の激しい揺れの後、事務所建物は数次にわたって津波に襲われ、併設のアユやサケの増殖施設とともに大きな被害を受けた。日を置かず事故原発から大量の放射能が降り注いで、職員たちは全町民約七六〇〇人とともに町外避難を余儀なくされる。

「木戸川のアユと言えば、かつては天皇家に献上されていたほどのこの町の名産品です。放射能のせいでそれが全部ダメになった。（一キロメートルあまり北側を流れる同町内の）井出川《いでがわ》も……。うちの町だけでなく、浜通りのほとんどの川で遊漁は当分不可能でしょう」

　やりきれない表情で松本さんが話す。

　楢葉町自体、住民ですら宿泊をともなう滞在はいまだ認められていない。元通りこの場所で漁協の業務をいつ再開できるかメドは立たない。震災から二年あまりを経過した今年（二〇一三年）七月一日、ようやく環境省による敷地「除染」の順番が回ってきたところだ。作業の人手不足は深刻で、九月いっぱいまではかかるだろう、という。

　それでも、これきり郷土の川を見限るという選択肢は、二人にはないようだった。

「魚？　多いですよ。ほら、ここからも見えます」

　堤防の土手の上から、鈴木さんの指さした川面を見つめる。白波や水面の反射と紛らわしいが、目が慣れると分かった。数秒ごとにキラッ、キラッと魚影が走る。無数のアユたちだ。釣り人がいなくなった分、たくさんの魚がのびのび泳ぎ回っているようです、と鈴木さん。

　川沿いを上流に向けてクルマで五分あまり走って、「仏坊堰《ほとけぼうぜき》」と呼ばれるポイントへ。流路いっぱいに高さ二メートルほどのコンクリート製の堰が設けられ、水が勢いよく落下している。横から観察していると、堰を真っ向から越えていこうとアユたちが一度に数匹から十数匹ずつ、タイミングを合わせて空中にジャンプを繰り返している。そのたびに銀鱗が日光を浴びて輝き、見飽きない。体長一五センチ前後のそんなアユたちに交じって、時おりその数倍ありそうな大型魚も高く跳ね上がる。たぶん海から生まれ故郷に回帰してきたサクラマスだ。

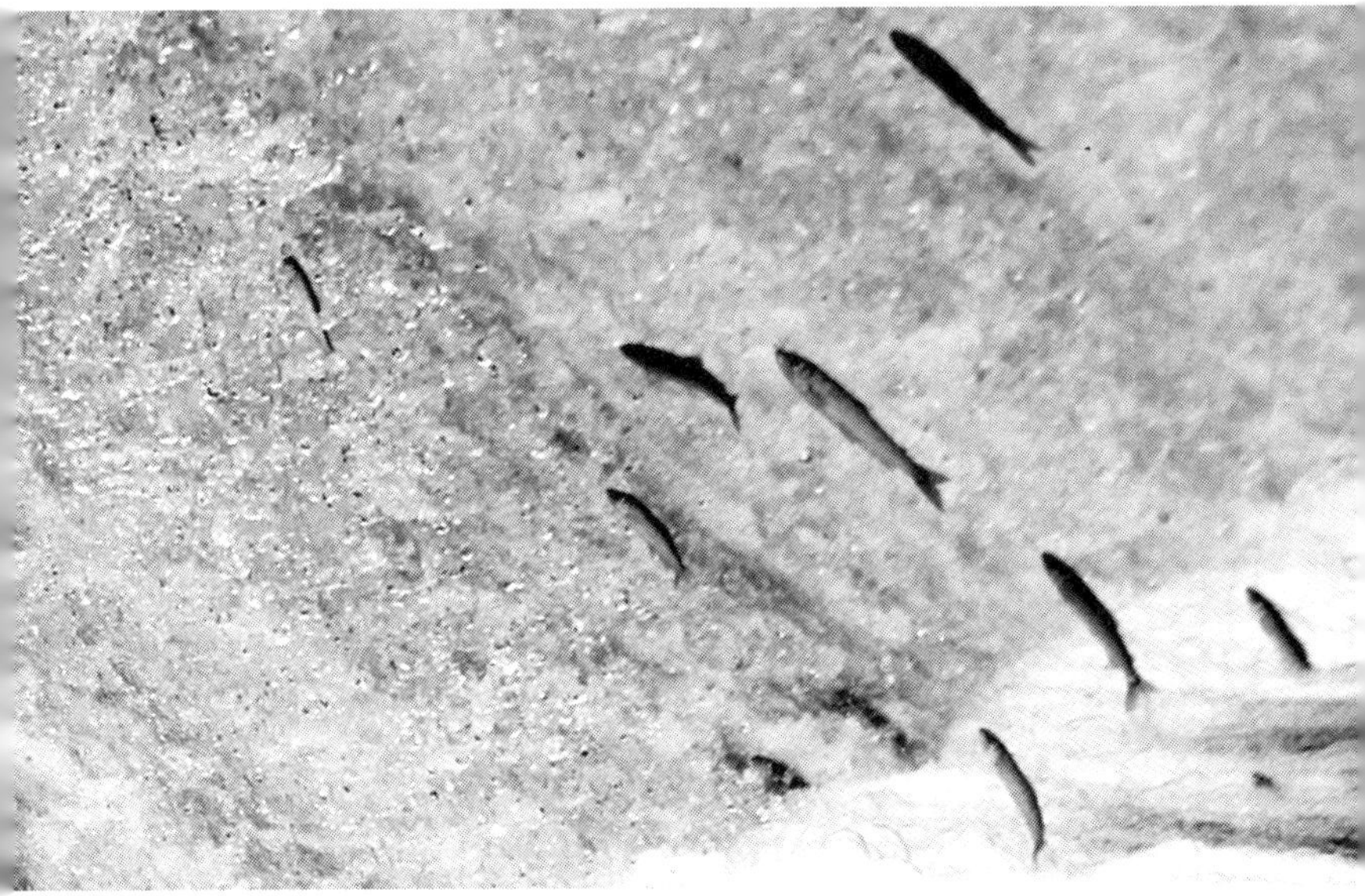

堰堤を越えようとジャンプを繰り返すアユたち。木戸川で。

一見すこぶる元気な木戸川の魚たちだが、体内の放射能濃度はなかなか下がらない。木戸川をはじめ福島県内の多くの河川湖沼では、震災と原発事故が起きた二〇一一年シーズンから各漁協が遊漁券を販売できない状態が続いている。一〇〇ベクレル／キログラム（政府による一般食品の放射性セシウム基準値）を超える放射能がたびたび検出されているからだ。

木戸川漁協は鈴木さんをリーダーに、春から秋にかけて木戸川と井出川で毎月ほぼ一回の頻度で独自にモニタリングを続けている。それぞれ一キロメートルほどの区間を選び、投網や竿釣りで魚を捕らえ、魚種ごとの個体数を記録し、サンプルをとり、アクアマリン環境研究所（いわき市）などの協力を得て放射能濃度を測定している。

二〇一三年七月二十六日の木戸川での調査では、海から遡上してきたとみられるサクラマスが「非検出」だったのに対し、アユの放射性セシウム濃度は平均一六〇ベクレル／キログラムと、依然上記の基準値を上回っていた（消化管内容物を含む全身を測定。アユは内臓も食用とされるため）。福島県沿岸では、海水の放射能濃度の低下に合わせて多くの海水魚種の体内放射能濃度も下がっていった（第2章参照）。

ところが川魚は様子が違っている。

アユは春から初夏にかけて川底の石の表面に生える「付着藻類」（ケイ藻など）を主食にしているが、福島県内水面水産試験場の「平成二三年度事業報告書」（二〇一三年）によれば、付着藻類の放射性セシウム濃度と、その川にすむアユの体内セシウム濃度には正の相関がある。餌に含まれる放射能がそのまま魚の体内に取り込まれているのだ。

川虫と呼ばれる水生昆虫類を好んで食べるヤマメ（河川残留型のサクラマス）やイワナなどの魚種も同じパターンで「汚染」を受ける。同試験場が事故原発三〇キロメートル圏内の高線量地域の川で採取したトビケラ幼虫などを、清浄な水槽内で養殖ヤマメに与え続けたところ、当初検出限界以下だった魚の体内放射能濃度が一カ月後には一三九ベクレル／キログラムに高まった。

今年（二〇一三年）五月から六月にかけて環境省が実施したモニタリングでは、福島県浜通りで定点観測中の河川全一一三地点のうち、双葉町内の一カ所（二ベクレル／リットル）を除く全てで、川水の放射性セシウム濃度は測定器の検出限界を下回った。ところが底質（川底の砂泥や礫）は大半が二〇〇〇ベクレル／キログラムをマーク（乾燥状態）。楢葉町の木戸川での数値は三四〇〇だった。

付着藻類や水生昆虫たちはそんな川底に生息している。

川底の汚染が長びくのは、川を取り巻く森が放射能の供給源になっているせいもあるだろう。原発事故が起き、森に降り注いだ放射能は初め、木の葉に多く付着した。葉はやがて落下して谷川に集まるが、いっぺんに海まで流れ切るわけではない。斜面や河原に積もった大量の落ち葉が、増水のたびに少しずつ下流方面に供給される。待ち受けていた川虫がその葉をかみ砕き、放射能を体内に取り込む。あるいは分解物が放射能もろとも藻類に吸収されたり、付着したりする。

その後は上位捕食者の口から口へ、食物連鎖の循環に乗って、放射能は生きものたちの体内を動き続ける。

「木戸川を世界唯一の実験河川に」

流域の生態系が健全だからこその、ある種悪魔的な放射性核種の自然循環を見つめながら、いま鈴木さんは覚悟したように話す。

「これほどひどい放射能汚染を受けた川で事故直後から魚のことがちゃんと調べられている場

所は、世界中でここにしか存在しないと思うんです。いずれ魚の放射能濃度は下がっていくでしょうけど、放射能汚染を被った実験河川としてこのままずっと自然生態系の変化を記録していくべきじゃないでしょうか」

その背中を松本代表理事も支える。

「増殖義務（注１）を果たすためにどの内水面漁協も毎年当たり前のように養殖魚を川に放流してきて、それが外来種問題や在来種の遺伝子攪乱などを招いてしまった面がある。今度の事故で釣り人がいなくなり、放流も止まって、もしかするとこれは従来のやり方を改める好機かも知れない」

サンプリングのために木戸川や井出川に竿を出すと、かつてないほどたくさんの魚が釣れる、という。サイズもいい。オーバーユース（釣り過ぎ）さえ抑えれば成魚放流をやめても十分楽しめる豊かさを、これらの川は失っていないのだ。

とはいえ、人が長く暮らし続けるにはここはまだ線量が高すぎる。毎月の野外調査のたびに鈴木さんたちが被るストレスを想像すると、「ぜひ地元でずっと頑張ってください」とは口にできなかった。

注１　資源量を保つために漁業権者（内水面漁協）に課せられる。漁業法第１２７条に基づく。

第9章　モリアオガエルに心寄せて

新しいエコツアー

双葉郡楢葉町に河口を持つ木戸川を十数キロ上流にたどると、隣接の川内村に入る。ついでに時間も少しさかのぼって、二〇一三年六月三十日の午前九時に移動。村役場に隣り合う日帰り温泉施設「かわうちの湯」前の駐車場から、長靴姿の老若男女三〇人ほどを乗せた中型バスが発車するところだ。

「本日は川内村のモリアオガエル観察会にようこそおいで下さいました。震災と全村避難から二年四カ月、帰村宣言から一年半。私ども川内村観光協会は、健康・地域文化・郷土料理を大きな柱に、村の再生を目指しています。これから向かう平伏沼《へぶすぬま》は、『蛙《かえる》の詩人』こと草野心平《くさのしんぺい》先生（一九〇三〜八八年）と深いゆかりがあり、村内の『天山文庫《てんざんぶんこ》』では先生の蔵書を公開しています。この六月には『いわなの郷《さと》』のレストランやロッジも営業を再開しました。観察会の後はぜひイワナ料理を楽しんで、お帰りになったら川内村のことをどうぞアピールして下さい」

主催者のこんなあいさつに続いてマイクを握ったのは、第6章、7章でおつきあい願った南相馬市博物館の稲葉修学芸員。

「みなさん、川内村には阿武隈高地の典型的な自然環境が非常によく保存されていることをご存じでしたか。これからも大事に守っていくべきエリアだと、僕は強く思っているんです」

きょうのフィールド講師として地元観光協会に招聘《しょうへい》されていたのだった。この観察会に誘ってくれたのも実は稲葉さんである。

バスは渓谷沿いの細い山道をぐいぐい登っていく。目指す平伏沼は標高八一〇メートルの高度にある。三〇分ほどで「平伏沼入り口」に到着。エゾハルゼミの声のシャワーに迎えられる。ここからは徒歩だ。肩から水筒を下げた小学生たちは遠足気分で駆け足に。その背中を見失わないよう、大人も笑顔で後を追う。アカマツ林の中の小さな峠を越えると、見事なミズナラの木立に包まれた丸い水面が眼下に広がって――いない。あれ？

「カラ梅雨で先日から干上がってしまって」

と、案内スタッフが申し訳なさそうに説明する。広場状になった空っぽの沼底には、魚屋で見かけるような発泡スチロール製の白い箱がいくつも乱雑に置いてある。泥の上を歩み寄ってひとつを覗き込むと、水を張った箱の中で体長数ミリの無数のオタマジャクシたちが一斉に逃げまどった。

観察会には募集定員一杯の 30 人が参加。お目当てのカエルが見つかり、人垣ができた。2013 年６月 30 日、双葉郡川内村の平伏沼で。

平伏沼のシンボル、モリアオガエル。

稲葉さんの解説では、モリアオガエル（レッドデータブックふくしまⅡ・希少）は森の樹上にすみ、梅雨時期になると水面に張り出した梢の先で産卵行動をとる。つがいでぶくぶく白い「泡巣」を作って、雌はその中に三〇〇〜八〇〇個を産卵。きれいな球状だった泡巣が一週間ほどして型崩れし、梢から垂れ下がるころ、卵から孵化したオタマジャクシがぽとりぽとりと落下して独り立ちする。

ただし落ちた先に水場がなければ生き延びられない。平伏沼は山上に近く、水源は雪解け水と雨水に頼るのみ。今季のような渇水年には繁殖がうまくいかないこともある。

そこで地元の人びとが一計を案じて、木の上に泡巣を見つけては真下に水槽を用意したのだ。オタマジャクシはうまく受け止められていた。

時おりどこかから「グロロ、グロロ」と特徴ある鳴き声が聞こえる。めいめい沼の周囲を探し回るうち、だれかが樹上に親ガエルを見つけた。指さす人のまわりにたちまち人垣ができる。続いて対岸の木の幹にもう一匹。沼の真ん中の泥底でも見つかって、近づこうとしてぬかるみに長靴を取られる人もいた。服を濡らして泣き出した幼児をあやす若い親たちも含め、全員がこのウオッチングを楽しんでいる。

郡山市から来たという親子連れは、

「去年も参加して、とても感動的だったので」

同じく郡山からの三〇代男性は、

「除染作業で毎日、村に通ってきているんです。きょうは日曜で休みだけどモリアオガエルを見たことがなかったから。動物とか好きだし」

前夜から滞在中という三人グループは東京都内から。震災後、村で支援活動に加わり、意気投合したボランティア仲間だという。

「平伏沼モリアオガエル繁殖地」は、半世紀以上前に国の天然記念物に指定された村内の名所だ。しかし、このようなエコツアーが催されたのは昨年（二〇一二年）が初めてで、今回が二回目。震災と放射能汚染による全村避難の経験をきっかけに、帰村した住民たちが始めた新しいイベントなのだ。

帰りのバスの中でお土産が配られた。透明カプセル入り、モリアオガエルのリアルフィギュア。震災復興支援を続ける玩具メーカー「奇譚《きたん》クラブ」（東京都渋谷区）の被災地協力商品だという。観察会には同社の若いスタッフたちも駆けつけていた。

「僕らの世代の仕事」

解散後、昼食を摂りに近くの「蕎麦酒房天山《そばしゅぼうてんざん》」へ。けさ出発前にバスの中で歓迎の言葉を述べた川内村観光協会会長、井出茂《いでしげる》さん（五七歳）が営む店だ。古民家を移築したというこだわりの店構えで、頭上に太い梁の渡る板の間の、これまた重厚な食卓で手打ちそばをいただく。仕事の手の空いたころ合いを見計らって、井出さんにきょうのエコツアーの意図を聞いた。

「平伏沼のモリアオガエルを、村では昔からそれは大事にしていました。僕も中学二年のころだったか、カエルを守るために天敵のイモリを釣りに自転車で沼まで行った覚えがある。この村の自然の豊かさのシンボルというのかな。だから今の村の子たちにも、平伏沼のモリアオガエルを誇りに思ってほしいと願っているんです」

そんなささやかな希望が、三〇キロメートル先で事故を起こした原発からの放射能到来で絶ち切られそうになる。村は二〇一一年三月十五日に自主避難、翌十六日に全村強制避難を発令。井出さんも家族を連れて郡山市内の親類宅に身を寄せた。

「でも僕一人だけ、ひと月弱で川内に戻ってきたんです。村民約三〇〇〇人のうち、七〇人くらいは同じように自宅に残っていたと思う。ここにいちゃダメなんだろって、人に知られないように夜も真っ暗なままで過ごしていたおじいちゃんもいました。僕は日課だった夜のジョギングを再開しました。草ボウボウになった田んぼの中の、人っ子一人いない道を。（村長が帰村宣言した）去年一月に女房が戻ってくるまでの間、僕の記憶には色が付いていません。その年、春になって満開の花を咲かせた桜を見て、震災後初めて景色をきれいだと思えた」

いま、村内各地の空間線量率は安定している。もちろん無傷とは言い難い。〝二〇キロ圏内〟に位置する村の東側三分の一ほどは「居住制限区域」「避難指示解除準備区域」だし、その外側でもずっと暮らし続けると国際放射線防護委員会が勧告する公衆の線量限度（一ミリシーベルト／

年）を超えるか超えないかといった程度の被曝は免れない[注1]。

井出さんが「三本柱」の一本と位置づけた郷土料理の状況はさらに厳しい。養殖イワナこそ清浄だが、村内外のボランティアによる木戸川や富岡川でのこの夏の釣獲調査では、野生のヤマメ・イワナから依然、数十〜数百ベクレル／キログラムと、政府の一般食品の放射性セシウム基準値（一〇〇ベクレル／キログラム）を超える個体が見つかった。特産のキノコや山菜、イノシシ肉などに対する出荷制限指示もずっと続いたまま。「食文化を育むのはその土地の気候風土」（井出さん）なのに、放射能がその根底部分を直撃した。

「こんな状況では、若い人や子どもたちが村に戻ってこないのも当然」と井出さん。帰村宣言一周年時点の帰還率（週四日以上の村内生活者の割合）は四割にとどまった。

「でもしっかり検査をして、安全な食材もたくさんあります。地域文化も郷土料理も、ここで暮らし続ける人がいて初めて次世代につないでいける。孫やその子どもたちに負の遺産ばかり残すわけにはいかない。今ここで生きていくことが僕らの世代の仕事だと思っています」

使命感だけでは長続きしないことも、井出さんは承知しているのだろう。観光協会はさまざまなツアーを企画運営している。モリアオガエル観察会もそのひとつだった。

注1　年間一ミリシーベルトの追加被曝で「生涯のガン死リスクが一万分の一程度上乗せされる」（米科学アカデミー放射線生物影響委員会の評価）

「外からお客さんが来ないと、うちのような村は元気になれません。それに（危険そうだという）風評を払拭するには、実際に村に来て一日滞在してもらうのが一番ですから」

別れ際、井出さんは新調したばかりという特製のステッカーをくれた。モリアオガエルのとぼけたイラストに「かえるかわうち」のレタリング。

また今度、カエルの顔を見に帰ってこよう、と思った。

第10章　マタギたちの苦悩

東北の山々で何が起きているのか

いったん浜通りから外れ、県西部の猪苗代《いなわしろ》湖畔に移動してきた。六月二十九日、「ブナ林と狩人の会：マタギサミット」が開かれている温泉ホテルである。

マタギとは、日本の中部・東北地方の豪雪山岳地帯に点在する伝統的狩猟集落、またそこに暮らす狩人たちを指す。一九九〇年、NGO狩猟文化研究所の田口洋美代表（東北芸術工科大学東北文化研究センター長）が提唱してスタートした「マタギサミット」は、年を追うごとに規模を拡大し、二四回目の今年（二〇一三年）は東北各県はもとより全国各地から一二〇人以上がエントリーしていた。ハンターや、この分野の研究者、行政・NGO関係者たちにとって目下最大の関心事――「今、東北の山々で何が起きているのか」――がテーマとあっては、それも当然だろう。

開会式後の記念シンポジウムで、三人の話題提供者たちはそろって危機感を露わにした。

生態学者の伊原禎雄《いはらさだお》・奥羽大学（郡山市）講師は、調査のために赴いた双葉郡双葉町や浪江町など「帰宅困難区域」内の状況を生々しく報告した。

「野生動物が急増しているのは間違いありません。車道沿いの、耕作されていない農地で、昼間でも多くのイノシシを見かけます。人が近づいても逃げようとしない個体もいました。震災前なら考えられないことです。市街地も同様で、窓が割れて壊れたままの家の中にイノシシの踏み荒らし跡がみられました」

第6章で訪ねた南相馬市小高区（避難指示解除準備区域）では少なくとも今シーズン、強力な駆除対策によってイノシシ出没数がある程度抑制されていた。しかし、より事故原発に近い浪江町や双葉町は事情が大きく異なる。

「現場で地上一センチメートルの空間線量率を測ると、ガンマ線・ベータ線の合算値で最高二〇八マイクロシーベルト／時とか、けた違いに汚染度の高い場所がちょこちょこあります。人間が長く過ごすには危険すぎて、動物の駆除どころじゃない」（伊原さん）

福島県自然保護課の伊藤正一《いとうしょういち》主任主査（野生生物担当）は、県下での野生イノシシ肉出荷制限指示が、間もなくここ会津・南会津地方にも及ぶ見込みだ、と速報した。五月に猪苗代町内で捕獲された二個体から、それぞれ五四〇ベクレル／キログラム、一八〇ベクレル／キログラムと、一般食品基準を超える放射性セシウムが検出されたからだ。これで県内全域で野生イノシシ肉を出荷できなくなった（左頁図）。

「獲っても肉を食べられない今の状況が、狩猟者のみなさんの意欲を減退させ、捕獲数が減って、動物をますます増加させてしまうことが危惧されます。県は昨年（二〇一二年）度からイノシシ一頭あたり五〇〇〇円の捕獲奨励補助金を予算化し、昨年は一三四一頭の捕獲につなげました。今年度の目標は二〇〇〇頭です」

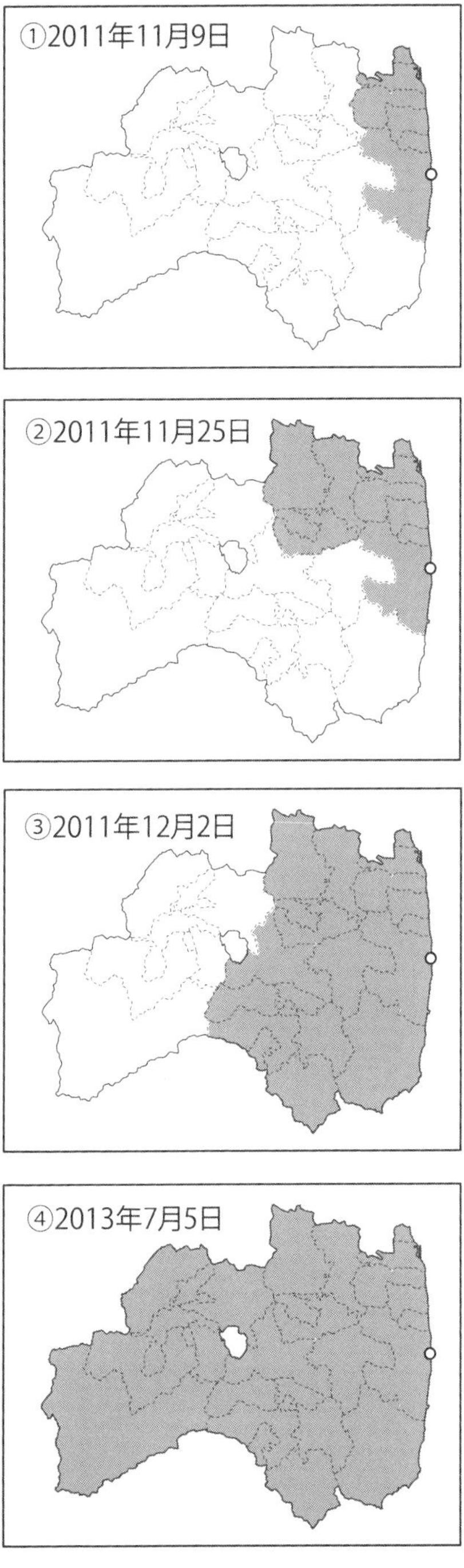

福島県内の野生イノシシ肉出荷規制区域拡大のようす（福島県公表資料を参考に作図）

呼応して環境省は九月、帰宅困難区域などで計二〇〇頭のイノシシを捕獲する計画を発表した。でも、シロウトではないサミット参加者たちはみんな分かっているはずだ。震災前年までの実績から推量して、福島県内だけで少なくとも毎年三〇〇〇～四〇〇〇頭ずつを獲り続けないとイノシシ増加を制御できそうにないことを——。

不気味な未来図

このような野生鳥獣肉の出荷制限エリアの「拡大」は今後も長引き、やがて福島県境を越えて東日本全域に及んでいくだろう、と不気味な未来図を提示したのは、田口さんだ。

「イノシシは優れた移動能力を持つ動物です。シカもまた、群れを抜けて長距離移動をする個体たちが新しい生息地に進出していく。震災とは無関係に、東北地方ではここ一〇年ほどの間にシカやイノシシの分布域の急拡大が観測されていました。これまでみたいに県ごとの対策ではなく、広域圏で統一的なシカ・イノシシ個体数管理が必要な時期にさしかかっていたのです。そのさなかに原発事故が起きてしまった。高汚染エリアで放射性セシウムを取り込んだ個体たちが福島県境を越え、隣県で捕獲されて一頭でも基準値を超す数値が検出されたら、たちまちその自治体でも肉の出荷制限がかかってしまう。福島だけの問題ではないのです」

動物を抑え込むにはとにかく獲り続けるしかない、と田口さんは続けた。

「食べもしない動物を殺すのは辛い。でもやらないとどこまでも拡散します。長引けば、待っているのは地獄です」

田口さんは何も、会場に集まった狩猟者たちに奮起を促そうとしているのではない。地域で人が暮らし続ける時、狩猟による野生獣の「山への追い上げ」が重要な生活基盤であることを認識し、いま完全に滞ってしまっているそれを立て直さなければ、仮に数年後に空間線量率が十分に下がったとしても、帰還して生活を再建することなど不可能に等しいことを自覚せよ、と社会に訴えているのだ。

野生動物との関係を断ち切ったままでは人は生きていけない。ところが原発事故は、よりによって「マタギのふるさと」でそれを断ち切ってしまった。

これを地獄と呼ばず、何と言おう。

第11章　セシウムは泥水とともに

セシウムを追う

六月末の猪苗代湖畔から、八月上旬の浜通りに戻ってきた。昼下がり、熱中症に最も気をつけなければならない時間帯に、日陰のない池端の堰堤《えんてい》で男性ばかり五人が特殊な器具を使った測定作業に没頭している。それぞれ顔といいTシャツといい、水辺の湿気と汗ですっかり濡れそぼっている。

地元いわき市のアクアマリン環境研究所と金沢大学環日本海域環境研究センター（石川県金沢市）による共同調査チームの面々である。この春、いわき市内の二カ所――鮫川《さめかわ》流域の「滝太洞池《たきだいどういけ》」と、ここ夏井川《なついがわ》上流に位置する「猿倉公園《さるくらこうえん》」のため池――を調査地に選び、水底の泥に含まれる放射能のモニタリング（監視）を開始した。北陸・金沢からゼミ生二人と福島入りした同大学の福士圭介《ふくしけいすけ》助教（地球化学、環境化学、環境鉱物学）に解説を求めると――。

「環境中に放出された放射性セシウムは、いくつかの経路を経て最終的にはある種の鉱物にくっついて安定することが知られています。吸着体と呼ぶのですが、非常に細かい結晶構造をして、陸上だと粘土、水中では濁りの原因──懸濁物質《けんだく》──になる、そんな鉱物です」

いったん吸着体と一体化したセシウムは、水中でも（ほとんど）溶け出さない。汚染水をフィルターに通して懸濁物質を漉し取ると、セシウムが（ほとんど）消えてしまうのはそのせいだ。一九六〇年代の大気中核実験によるものも、今回の東京電力福島第一原発事故によるものも、上空から地面に降り注いだ放射性セシウムは吸着体と一体化して流水とともに移動するのです、と福士さんは説明した。

「だから台風などで大雨が降ると放射能も長い距離を動きます。するとその水が集まる場所、つまりここみたいな山間のため池に吸着体がどんどん蓄積されていくのではないか、と仮説を立てることができます」

ここは標高二〇〇メートルあたり、太平洋に注ぐ夏井川の上流の支流をせき止めて造られた灌漑用貯水池だ。面積約二ヘクタール、深さ数メートルのこの池の中央部に、チームは一カ月前、「セディメント・トラップ（堆積物捕捉器）」と呼ぶ装置を沈めてあった。いまスタッフたちがボートで回収して堰堤まで持ち帰ってきたそれは、直径五〇センチ、深さ一五センチのステンレス製の円形容器で、水中で自在に開閉できるフタを備えている。新たに水底に降り積もる泥だけを捕捉する仕組みだ。上澄みを取り除くと容器の底にけっこうな量の泥がたまっている。試料採取は成功だ。

泥はポリタンクに慎重に移された。密封して研究室に持ち帰り、遠心分離や凍結乾燥機で下処理した後、詳しく分析するという。トラップは洗浄後、水中に戻された。

「今後、同じ位置で毎月サンプルを採取することにしています。長く続けて変化を記録し、周辺環境のモニタリングに役立てたい」

と福士さんは語った。

セカンドオピニオン

かたや地元組は、少なくともこの日はサポート役に徹していた。アクアマリン環境研究所の津崎順《つざきじゅん》グループリーダーは機材運び、放射線チームに属する富原聖一《とみはらせいいち》獣医師はミニボートの操縦士だ。

「共同研究の理由？　そんなもん決まってるでしょ。日本で金沢大学にしかない超高性能測定器を僕らにも自由に使わせてもらうためですよ」

ひと仕事終わったところで休憩中、富原さんの茶目っ気たっぷりの回答に笑いの輪が広がる。

アクアマリン環境研究所は昨春、「環境水族館アクアマリンふくしま」（公益財団法人ふくしま海

沼底に堆積した泥を採取する金沢大学環日本海域環境研究センターとアクアマリン環境研究所合同チームの面々。2013年8月8日、福島県いわき市で。

洋科学館）内に設立された。

〈子どもたちの自然体験の機能を重視するアクアマリンふくしまとしては、館内外の放射線の状態を的確に情報発信する必要がある〉（二〇一二年五月二十八日付け「環境水族館アクアマリンふくしまからの脱原発メッセージ」）

と、独自の調査事業に乗り出したのだ。

すでに富原さんは震災四カ月目の二〇一一年六月から、水族館のある小名浜《おなはま》港周辺で沿岸性魚類の体内放射能モニタリングを始めていた。

「岸壁からだれにでも釣れる魚を調べなければ、と思ったんです。県水産試験場が魚介類のモニタリングをしていますが、比較的沖合で漁船の網に入る魚種ばかり。僕は釣りファンなので、もっと岸際の魚たちがどんな状態なのか、正確に調べて地元の釣り人たちに知らせたい一心でした」

メバル、ドンコ（エゾイソアイナメ）、マアナゴ、アイナメ、マアジなど、波止場で比較的簡単に釣れる魚種に狙いを定め、毎月一度ずつ水族館の装置で実測し、地元の釣具店などで公表し続けた。

「とはいえ、測定器にかけるには最低五〇〇グラムずつの試料——頭と内臓を除いた身の部分——が必要なので、そう簡単ではないですよ。体長一五センチのメバルだったら毎回二〇匹ぐらい釣らないと足りません」

年間一〇〇日は釣り場に通っている僕だから全く苦にはなりませんでしたけどネ、とまた笑わせてから、富原さんは、

「県の調査データとは異なるセカンド・オピニオンを市民に提供できたとは思う」

と続けた。

たとえば、小名浜周辺の防波堤釣りで人気の高いマアナゴについて。もっぱら海底の泥に潜って暮らすタイプの魚なので、体内の放射能濃度は高いのではないかと予想された。県水産試験場のサンプル調査の結果を見ても、震災後のおよそ二年間はそのような傾向が読み取れる。しかし富原さんが小名浜漁港などで実際に自分で釣った魚の身を調べてみると、原発事故発生三カ月後に測定を始めた当初から検出値は概して低かった。

同じ福島沿岸でも汚染度は濃淡が激しい。一部を見て全体を推定するのがサンプル調査の手法

だが、調査メッシュ（網目）があまり粗すぎると過大（あるいは過小）評価に陥りかねない。富原さんの独自調査と結果公表は、ローカルながら、確かに大きな意味があることだった。

いま小名浜沿岸で釣れる魚たちの放射能濃度はほぼ「ND」、つまり水族館が所有する測定器で測れる最低値以下になった。一般食品基準値を超す汚染が続くマルタ（ウグイの仲間）やアイナメなどの例外を除き、安心して釣ったり食べたりできる。

ただし、原発事故前の状態に戻ったわけではない。事故の初期に沿岸環境をひどく汚染した〈高濃度汚染水〉ほどではないとはいえ、事故対策に当たる技術者たちはいまだ原発から海への「汚染水」漏洩を制御できておらず、「合法的放出」と言い換えて垂れ流しを続けている。それでなくても低レベルの汚染はこれからも長く続くとみられる――一九六〇年代の大気中核実験や一九八六年のチェルノブイリ原発事故由来の降下放射能がいまだ消えていないように。

子どもたちが減った

アクアマリン環境研究所は自らも被災した地元の環境水族館として、最新の装置と技術（「極低レベル放射能計測システム」）を持つ金沢大学環日本海域環境研究センターをはじめ、他の機関や研究者たちとの協働によって、いま福島でしか採取できないサンプルの収集・保管・分析・記録を担おうとしている。

「福島県は広大ですから、なかなか県内全域でとはいかないかも知れませんが、少なくとも阿武隈高地を含む浜通り地方の動植物と沿岸性生物のモニタリングを長く続けていきたい」

と、実務を統括する津崎リーダーは構想を語った。

モニタリングでつかめるのは、経時変化だ。大地震と大津波と放射能に見舞われて一番変わったことは何ですかと質問すると、津崎さんはちょっと思案してこう答えた。

「野外で遊ぶ子どもが減ったことかな」

津崎さん自身は震災前から小名浜周辺の野歩きを続け、この一〇年間で約八〇〇日分もの自然観察記録を残してきた「アウトドアの人」。最高の環境教育とは子どもを自然の中で自由に遊ばせることだと、さまざまな野遊びイベントに数多く携わってきた。

「でも原発事故の後は、子どもたちに外で遊ぼうと言いづらくなりました。野遊びイベントの参加者は今も減ったままです」

津波に襲われた沿岸地域でほとんど壊滅したかに見えた海浜性植物が、最近徐々に復活しているのが観察されている。自然災害に対して、生態系は強靱さと復元力を備えているのだろう。ヒトもまた同じかも知れない。しかし放射能災害に対しては……。

津崎さんがこれまで培ってきた価値観を、原発事故は容赦なく切り捨てた。津崎さんだけでなく、ため池にきょう集まった他の四人、この短いエコツアーで会った全員、さらに東北地方の自然環境にかかわる全ての人たちが、同じ辛さの最中にいる。

第3部　二〇一四年春

東京電力福島第一原発過酷事故発生から丸三年が経過した。濃厚な放射能に見舞われた浜通りでは除染事業予算がどんどん消化され、避難区域の周縁部では住民が戻され始めている。だが除染不可能と判断された山林や川や海の生き物たちからは依然として放射能が検出され続け、住民への恵みも失われたままだ。この事故が列島の自然環境に与えた傷はかくも深い。

第12章　汚染土を食らうシシたち

軒先の野生獣

「ほらぁ、いたぞォ」

走行中のレンタカーの助手席で、外に目を凝らしていた諏訪牧夫さんが声を上げた。

「え、どこですか?」

ブレーキペダルを踏み込んでクルマを雪の残る路肩に寄せながら、運転席から助手席側に身をかがめて、サイドウィンドウ越しに諏訪さんの視線方向を見やるが、確認できない。

「すぐそこ。……行き過ぎだあ」

諏訪さんが苦笑する。

「ちょっとバックしてみれ」

数メートル後退し、ハザードランプのボタンとハンドブレーキを操作してから、さらに助手席側に身を乗り出すようにして視野を広げたら、本当に「すぐそこ」にいた。道路脇からほぼ垂直に立ち上がる法面の上方で、枯れススキと重なって黒い塊が動いている。大きなイノシシだ。こんなにそばに停車したのに、あちらは気にするそぶりを見せない。

ウィンドウを降ろしてカメラのシャッター音を響かせたら、相手はやっとこっちに顔を向けた。小さな目で見つめられるが、数秒でまた反対を向いてしまった。

この位置だと近すぎて逆に観察しにくい。二〇メートルほど離れた場所にクルマを移動させ、エンジンを切る。車内からしばらく観察していたら、動物は五頭に増えた。子どもたちが現れたのだ。

ここは福島県双葉郡川内村下川内五枚沢《しもかわうちごまいざわ》地区。三年前に過酷事故を起こした東京電力福島第一原発から南西に一五キロメートルほどの山間である。三月十日、午後四時を少し回ったところ。まわりは先月の豪雪がたっぷり残っているうえ、朝から氷雨が降り続いて、体感上も視覚的にも寒々とした一日だった。日没までまだ間はあるのに、厚い雲のせいでもう薄暗い。

地元在住の諏訪さんに、イノシシ猟に同行させてほしいと頼んだのは去年のことだった（第1章参照）。諏訪さんは地元猟友会の一員で、銃猟もワナ猟もこなすベテランハンターだ。ふだんは仲間たちと週末の朝に出猟する習慣だが、きょうは特別に夕方に変えてもらった。出発してものの十分も経たないうちに「出合い」を遂げることができたのは偶然ではない。

「大雪で餌が摂れねえべ？　腹ァ空かして（夜になるのを）待ちきれンから、こんな道路のそばまで出てくる」と諏訪さん。猟場に精通した地元ハンターの読み勝ちだった。

五頭のイノシシたち――おそらく母子――は、そこだけ雪が滑り落ちて土の現れた斜面を鼻先と前脚で掘り返す作業に夢中になっている。時おり植物を引きちぎるブチブチいう音が聞こえる。諏訪さんによれば、イノシシが好むクドフジ（つる植物のクズのこと。地中にできるイモ状の「根塊」からくず粉が取れる）がそのあたりに根を張っているらしい。

道路沿いの法面は五メートルほどの高さで、その向こうは山裾を削って開いた帯状の畑地に続いていて、隣り合わせに古びたコテージ風の一軒家が建っている。手づくり雑貨を扱う自宅兼店舗と菜園だったそうだが、明かりはなく、アプローチ部分にすら深い雪が積もりっぱなしで、長く無人状態が続いていると分かる。だからこそ、軒先だというのにイノシシたちは堂々と食べ物を漁っていられるわけだが……。

乾いた銃声が尾を引いて響き渡り、一呼吸おいて母イノシシが崩れ落ちた。残りの四頭がぎゃあぎゃあと悲鳴を発しながら一斉に背後の山に向かって駆けだし、木立の中に姿を消した。安全に射撃できるポジションに静かに移動していた諏訪さんは、動物の頭部を正確に射抜いていた。倒された側は自分の身に何が起きたか分からないままだったろう。

横たわる獲物を諏訪さんは冷静に「六〇キログラムほど」と見積もった。昨年（二〇一三年）十一月十五日の猟期初日から数えて、これで五三頭目。川内村の猟場では中くらいのサイズだという。

雪解けの早い道路沿いに姿を現したイノシシ。地面を掘り返すのに夢中な様子だった。2014 年3月1日、川内村の避難指示解除準備区域で。

「測らんでも分かる」

翌朝、約束の時間に諏訪さん宅を訪ねると、きのう現場近くの雪の中に残してきたイノシシをすでに軽トラックを出して回収してくれていた。感謝を伝え、戸外で処理の様子を見学させてもらう。ナイフさばきも鮮やかに短時間で臓器が抜き取られた。

倒した獲物はすみやかに解体して肉を冷やすのが狩猟の基本だ。生きていた時の体温のまま放置しておくと消化管内で腐敗が進んで腹腔《ふくくう》にガスがたまり、肉質がどんどん悪化してしまう。でもこのイノシシは一晩そのままだった。日が暮れて刃物を扱う手元が危ういという理由もあったが（だから諏訪さんは普段は午前中に猟に出る）、もうひとつ。

撃ち倒す前から、このイノシシの肉は食材として適切な状態にはなかった。

「測らんでも分かる。あそこは（放射性セシウム濃度が）高いぞ。除染もしてない」

川内村では震災五日目の一一年三月十五日に自主避難、翌十六日に全村強制避難が発令され、ほぼ全村民が家を後にした。政府による同年四月二十二日からの「緊急時避難準備区域（福島第一原発から半径三〇キロメートル圏内）」指定が九月三十日に解除され、村が「帰村宣言」（一二年一月三十一日）した後も、村域東部の三分の一ほどを占める〝二〇キロ圏内（旧「警戒区域」）〟では「居住制限区域」「避難指示解除準備区域」の色分けが続いている。

昨夕、このイノシシが土を掘り返しながらむさぼり続けていた五枚沢地区は居住制限区域のギリギリ外側だ。諏訪さんによれば、イノシシ肉の放射性セシウム濃度は捕獲地点の空間線量率におおむね比例するという。

帰村宣言の後、村の集会所には測定器が備えられ、村民はだれでも食品が安全かどうかを判定してもらえる。今シーズンの猟期（二〇一三年十一月十五日～二〇一四年二月十五日）が始まってすぐ、諏訪さんはさっそく仕留めたイノシシの肉を持ち込んだ。測定結果はセシウム１３４が八九六ベクレル／キログラム、セシウム１３７が二〇四〇ベクレル／キログラム、合わせて二九三六ベクレル／キログラム。政府が定める「一般食品の放射性セシウム基準値」（一〇〇ベクレル／キログラム）のほぼ三〇倍の汚染レベルだ。

「これまでで一番（セシウム濃度が）高かった。ほんとならスペアリブなんか最高だけどな……。

高線量地区で捕獲したイノシシは「廃棄物」でしかない。内臓を抜くだけの簡易処理の後、ハンターは無言で獲物に雪を被せ続けた。数日後に焼却場に運ぶ。

さすがに食う気にならん」

猟期外も「管理捕獲（有害獣駆除）」の枠組みでコンスタントにイノシシを捕獲している諏訪さんだが、同じ場所でも夏より冬のほうが肉の汚染度は高まる傾向にある、と感じている。森の中で堅果《けんか》類（ドングリなど）を食べ尽くし、地下茎など地中の餌にシフトするにつれ、一緒に土も口にしてしまうようになるせいではないか、と諏訪さんは解説してくれた。三年前、高濃度のフォールアウト（降下物質）を被った森の表土はいまだに放射性セシウムをたっぷりと含んだままである。そんな土を掘り返す剣先スコップに優るとも劣らないイノシシの鼻の威力はすでに目の当たりにした。

内臓を抜いたイノシシの姿を小さなデジタルカメラで撮影し終えた諏訪さんは、その体をもう一度軽トラに乗せて裏庭に運んだ。片隅に置かれているのは、小さな浴槽だ。中に雪が詰まっている。その表面をスコップで少し掘ると、褐色の毛皮が現れた。前日までに捕獲したイノシシだという。全部で四頭。その上に新しい一頭を重ね置き、再びまわりの雪を盛って小山にする。白い雪面にわずかな血痕だけが残った。

食べることのできないイノシシは「燃えるゴミ」の袋に詰め、焼却工場に送るしかない。川内村内に施設はなく、隣り合う双葉郡楢葉町の「南部衛生センター」まで自分のトラックで運ぶのだが、何頭かずつまとめたほうが効率的なので、積雪期の今は廃品の浴槽を保冷庫代わりにしているそうだ。

衛生センターで重さを量り、証明書をもらって、証拠写真と一緒に村役場に報告すると、一頭あたり二万五〇〇〇円の奨励金が支給される。捕っても食べられなくなってしまった野生動物を狩り続ける、それが動機であり、いずれ避難指示が解除される日まで、無人の住宅や農地への動物の侵入をできるだけ防ぐための措置なのだ。

「また食べられるようになったら、美味いところ、送ってやるわ」

と、別れ際に諏訪さんは言った。

「いつになるか分からんけどな」

第13章　サルの血が物語ること

何かが起きないとは言えない

福島県では、すべてのイノシシ肉（ほかにツキノワグマ、キジ、ヤマドリ、カルガモ、ノウサギの肉も）の出荷制限が依然として続いているので、それらが流通して消費者の口に入るようなことはない。

でも、たとえばいま川内村のイノシシでみた筋肉一キログラム当たり三〇〇〇ベクレルだとか、極端に高い場合だと六万一〇〇〇ベクレル（二〇一三年三月十一日、南相馬市内で捕獲されたイノシシから検出された原発事故以降の最高記録。セシウム134と137の合計値）といったレベルの放射性セシウムを体内に取り込んだ野生動物たち自身は、健康を害していないのだろうか？

人間に当てはめたら、体重一キログラム当たり六万一〇〇〇ベクレルのセシウム137を体重六〇キログラムの成人が経口摂取した時の被曝線量は、ざっと四八ミリシーベルトと計算できる。

X線CT診断を数回受けた時と同じくらいのレベルだ。(注1)福島の高汚染地帯の野生動物たちの中には、常時そんなレベルで被曝し続けているものがいる。

昨年(一三年)九月、日本霊長類学会と日本哺乳類学会が岡山市内で共催したシンポジウムで、三人の研究者たちが福島県内の野生ニホンザルについての調査結果を報告した(『哺乳類科学』五三巻二号、一三年)。福島県では震災前から、農作物被害対策の一環としてニホンザルの個体数管理政策が進められてきた。県内の主な群れについて詳細なモニタリングが行なわれていたので、モニタリングされていなかった他の野生動物に比べると、震災や原発事故によって群れの様子がどのように変化したのか、つかみやすい条件にある。

福島市にある新ふくしま農業協同組合・危機管理センター長の今野文治《こんのふみはる》さんによれば、双葉郡浪江町から北方の南相馬市・飯舘村・相馬市にかけてのエリアには「原町個体群」と名付けられたニホンザルの群れが生息し、震災直前の調査では合計一九九〇頭が確認されていた。震災が起きて、避難区域内での詳しいサル調査は中断を余儀なくされているが、旧警戒区域にパトロールに入った有害鳥獣捕獲隊が捕獲したサルを引き取って調べたところ、一二年十二月十一日捕獲の個体から二万六三〇〇ベクレル/キログラム、一三年三月六日捕獲のものから五万三六〇〇ベクレル/キログラムの放射性セシウムが検出された。

いっぽう、「福島ニホンザルの会」(福島市)の大槻晃太《おおつきこうた》さんは、飯舘村(原町個体群の生息エリア)に隣接する伊達郡川俣町(福島第一原発から三〇~五〇キロメートル。一部が震災後に計画的避難区域、後に居住制限区域・避難指示解除準備区域）で、サルたちが主食にしている植物類の放射性セシウム汚染度を測定した。すると、マタタビの実で約一一〇～四九〇ベクレル／キログラム、アケビの実で三〇〇ベクレル／キログラム前後の値が出たほか、サルたちの冬場の主要な餌となるクワの樹皮で約一〇〇〇ベクレル／キログラム、秋に好んで食べるコナラのドングリに五〇〇ベクレル／キログラム以上のものがみられたという。

また、日本獣医生命科学大学（東京都武蔵野市《むさしのし》）の羽山伸一《はやましんいち》教授は、事故原発から約六〇キロメートル離れた福島市内で一一年四月十一日から一三年五月六日の間に管理捕獲（個体数調整）された四三七頭のニホンザルの解剖結果を報告した。筋肉中の放射性セシウム濃度は、当初一万～二万五〇〇〇ベクレル／キログラムの高いレベルをマークした後、一一年夏までにいったん一〇〇〇ベクレル／キログラム程度に低下したものの、冬になると二〇〇〇～三〇〇〇ベクレル／キログラムを示す個体が現れ、一二年四月以降は再び低下傾向を示したという（数値はいずれもセシウム134と137の合計）。

さらに血液を検査してみると、北に四〇〇キロメートルほど離れた青森県下北《しもきた》半島に生息するニホンザルたちに比べて、福島市個体群では、

注1　「撮影部位（頭部・胸部・腹部・全身など）や撮影手法により異なりますが、一回あたり五～三〇ミリシーベルト程度」（放射線医学総合研究所のウェブサイトから。）http://www.nirs.go.jp/rd/faq/medical.shtml

「血球数や血色素濃度などが有意に低下し、特に幼獣で造血機能の低下が考えられた」（羽山さん）

つまり、福島市のサルたちは原発事故発生の後、貧血状態に陥っていた。

同じ県内でも三人の研究者たちが調査した地点はバラバラで、それぞれ地形も植生（サルの食べ物）も個体密度も、もちろん放射能による土壌汚染も空間線量も異なるから、これらの調査結果を一緒くたにはできない。

ただ、事故原発から一番遠い福島市のサルたちに見られた「造血機能の低下」が、もし放射能汚染の影響で引き起こされたのだとすれば、その数倍も高濃度の放射性セシウムを体内に持ち、空間線量も高い旧警戒区域のサルたちが、よりひどい影響を被っている可能性はある。また、福島市のサルの体内の放射能濃度が冬に上昇し夏に下がるのは、川俣町で調べられたように、冬の主食が特にひどく汚染されているせいだと考えればつじつまは合う。

彼ら三人のリポートを含め、これまでのところ、福島県や近隣県の野生ニホンザルたちの群れに何らか目に見える形での健康被害が出ているという研究報告はない。サルたちの群れは従来通りに存在し続け、繁殖もうまくいっている（ように見える）。

しかし、一四年三月十二日、都内で開かれた「野生動植物への放射線影響に関する意見交換会」（環境省主催）に出席した羽山さんは、こう釘を刺すのを忘れなかった。

「十数年前、環境ホルモン[注2]の問題が騒ぎになった時、野生動物の個体や個体群、あるいは生態系への影響といった目に見えるものにつながらなければ〝この化学物質の影響はない〟と判断する意見が多くて、国のモニタリングも結局一〇年で打ち切りになってしまったんですが、それは間違っていたと思います。ヨーロッパのある種のアザラシ類は、環境ホルモンに汚染されていた間、個体数はずっと増え続けていました。しかし実は免疫機能が影響を受けていて、その後、新種のウイルスによる感染爆発が起きた時、いっぺんに八五％ものアザラシが死亡しました。東北地方でも将来、そういった何かが起きないとは言えない。個体と群れの両方のレベルで、野生生物たちの動向把握をちゃんと続けていくことが必要です」

世界で一番適したサイト

この放射能放出事故で、私たち人間は自然環境に深刻な汚染をもたらしてしまった。人が住めなくなったエリアを「帰還困難」と切り捨ててしまうのは政府にとってはたやすいだろうが、この広範かつ高濃度の人為汚染を「なかったこと」になんてできやしない。

ウクライナ国立生命・環境科学大学のウクライナ農業放射線学研究所から一四年二月、福島大学環境放射能研究所（福島市）に招聘されたヴァシリ・ヨーシェンコ特任教授によれば、一九八

注2　人工的な環境汚染物質の一種で「内分泌攪乱物質」とも。生物の体内でホルモンと同じような作用を及ぼし、生殖障害などを引き起こすとされる。

チェルノブイリ事故と福島事故で放出された主な放射性核種とその量
（単位はテラベクレル＝１兆ベクレル）

核種	福島	チェルノブイリ
キセノン133	11,000,000	6,660,000
ヨウ素131	160,000	1,776,000
ストロンチウム89	2,000	114,700
セシウム134	18,000	55,500
セシウム137	15,000	455,100
プルトニウム238	0.019	37

出典は原子力安全・保安院「原子力安全委員会に報告した資料（平成23年６月６日付け「東京電力株式会社福島第一原子力発電所の事故に係る１号機、２号機及び３号機の炉心の状態に関する評価について」）の訂正について」（2011年）、Devell, L., Guntay, S. and Powers, D. A. (1995). The Chernobyl Reactor Accident Source Term: Development of a Consensus View. OECD/NEA Report NEA/CSNI/R(95) 24.

六年四月二十六日に起きた旧ソ連・チェルノブイリ原発事故では、事故から二カ月ほど経ったころから周囲四〇〇〇ヘクタールあまりの針葉樹林が枯れ始め、年末には森の木の全体が真っ赤になってしまった。林床に生息するミミズや昆虫類など土壌動物も大きなダメージを受けたはずだ、という。「赤い森」と呼ばれるようになった被害林はその後皆伐と地ならしを経て植林によって現在は復元されているが、

「事故から二年間、このゾーンは放射線の地獄のようだった」

とヨーシェンコさんは語った。

いっぽう福島では、事故原発のすぐそばでもそこまでひどい事態は起きていない。六基並んだうち三基の原子炉がいっぺんにメルトダウン（炉心溶融）し、別の一基も建屋が爆発・全壊するという最悪の過酷事故を起こしながら、放出された放射能量はチェルノブイリ原発事故時に比べればおおむね少なく済んだせいだ（上

表)。コントロールしてそう出来たわけではなかったが、不幸中の幸いだった、とは言えるだろう。

でも安堵はできない。何といっても、原発過酷事故にともなう森林・土壌・河川、そして海洋の放射能汚染が長期的に自然生態系にどんな影響をもたらすのか、人類にはほとんど知見がない。悲しいことに、いま世界中でそれを研究するのに一番適したサイトが「ニッポンのフクシマ」である。辛いけれど、見つめ続けなければならない。

研究者も、研究者ではないわたしたちも。

第14章　アユは川底から被曝する

「事故発生からわずか数カ月という早い時期から福島県内でデータを取り始めることができたことに、ひとつ大きな意味があったと思います。フィールドによっては研究者自身の被曝リスクがありますし、特に震災の年はどこも『魚どころじゃない』という雰囲気でしたから」

東武日光駅（栃木県日光市）でバスに乗り換え、約一時間かけて到着した中禅寺湖《ちゅうぜんじこ》のほとり。標高一二〇〇メートルの森の中にひっそりとした佇まいを見せる水産総合研究センター増養殖研究所日光庁舎の小さな談話スペースで、生態系保全グループの坪井潤一《つぼいじゅんいち》研究員はこんなふうに話した。

坪井さんたちの調査チームは東京電力福島第一原発事故の発生後、福島県内に生息するアユの放射性セシウム濃度を追跡している。

この三年の間に集めたデータの解析がほぼ終わったと聞いて、論文発表を待ち切れずに研究所を訪ねた。

水産総合研究センター増養殖研究所による福島県内調査河川の位置。

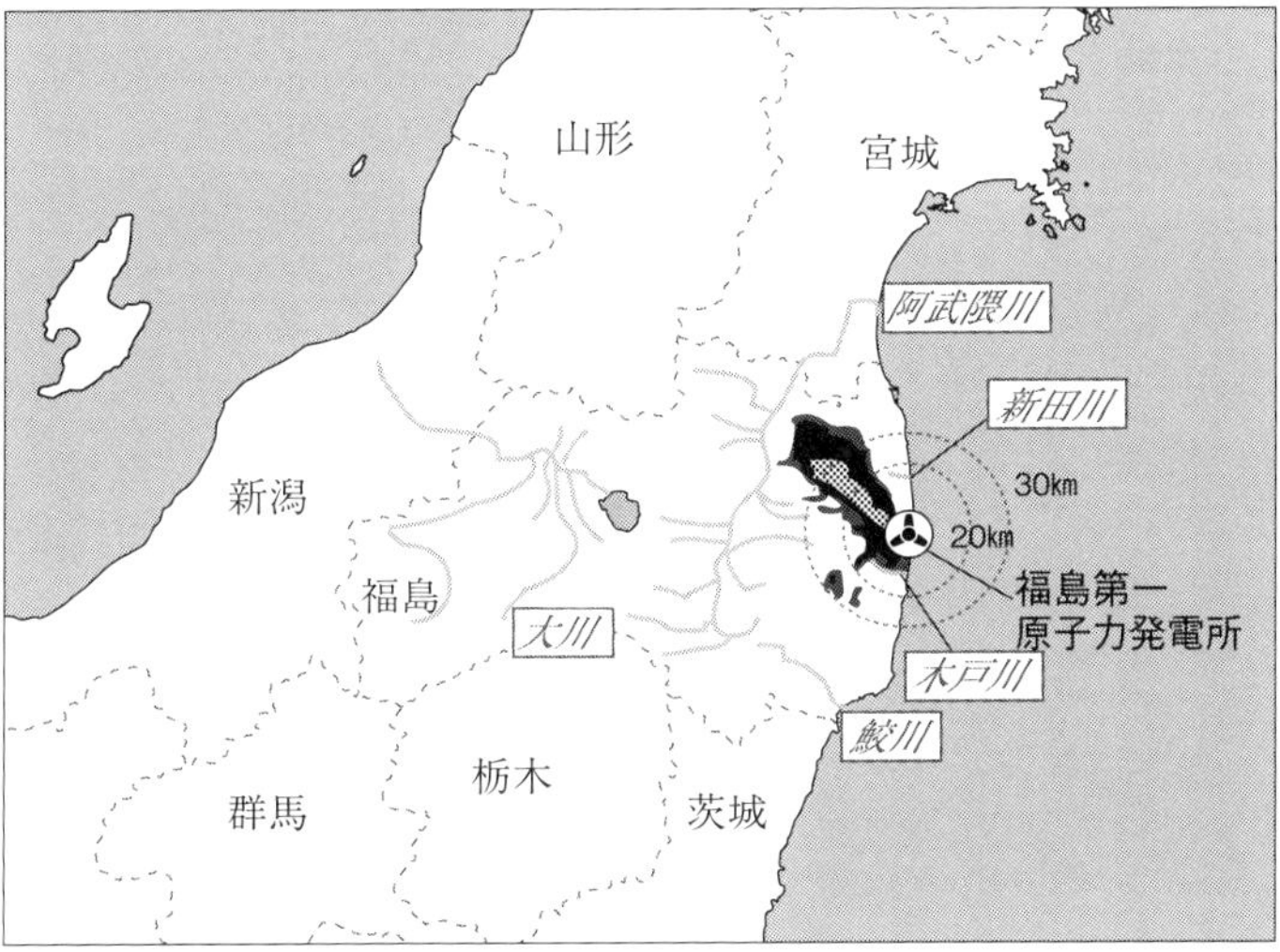

汚染された「清流の女王」

チームの調査地点は、伊達市を流れる阿武隈川、いわき市の鮫川、会津郡下郷町《しもごうまち》の大川《おおかわ》（阿賀川《あががわ》支流）、双葉郡楢葉町の木戸川、南相馬市の新田川の計五河川である。阿武隈川・鮫川・大川では福島第一原発の事故発生と同じ二〇一一年から、また事故原発により近い木戸川と新田川では立ち入り制限が緩和された翌一二年から調査に着手した。それぞれ初夏・夏・秋にアユを捕らえ、アユが主食にしているコケ（付着藻類）を川底からこそぎ取って集め、横浜市の中央水産研究所に運び込んで精密に放射能濃度を測定した。

「調査地点は空間線量率を目安に汚染度の高い川、低い川、中間の川、と三ランクに分けました。放射能の影響の大きさを比較するためで、阿武隈川・木戸川・新田川の三本が高汚染、大川が低汚染、鮫川はその中間です。サンプルのアユは基本的に自分たちで投網を打ったり釣ったりして集めましたが、木戸川では、独自調査に取り組んでおられる地元の木戸川漁業協同組合（楢葉町）の方たちにも協力をお願いして魚を分けてもらっています」

アユは日本で最もポピュラーな川魚と言っていい。福島県下にも「アユ釣りの名所」がたくさんある。しかし震災と福島第一原発事故が起きてからは、浜通り地方を中心に多くの川の漁協がアユ釣りを「解禁」できないままだ。魚がいなくなったわけではない。原発事故後の一一年六月、放射性セシウムの体内濃度が暫定規制値五〇〇ベクレル／キログラム（一二年四月以降は新基準値一〇〇ベクレル／キログラム）を超える個体が見つかりだし、特に真野川《まのがわ》・新田川・阿武隈川（福島市の信夫《しのぶ》ダムから下流）産の野生アユは政府の出荷規制が現在も続いている。もとより入域規制エリア内の川は無邪気に魚釣りを楽しめる状況にない。

魚類生態学者たちが目下取り組んでいるのは、「清流の女王」の異名を取るこの美しい魚の体内にどのように放射性セシウムが入り込むのか、そのプロセスを詳しく解き明かすことだ。

「われわれのモニタリングによってまず分かったのは、川に入ったアユはちょうど一カ月でターンオーバーに至る、ということ」

と坪井さん。

ターンオーバーとは、はじめ低かった筋肉中の放射能濃度が次第に上昇し、ピーク値に達する

調査河川の一つ、木戸川の上流域では雪解けが進んでいた。2014 年3月1日、双葉郡川内村で。

タイミングを指す。

アユは一年間で一世代を交代する「年魚《ねんぎょ》」だ。秋、川の下流部で卵から孵化した稚魚はすぐ海に下り、冬の間は沿岸海域を周遊しながら過ごす。原発事故が起こった後も、この期間の「シラスアユ」から放射性セシウムが検出されたことはない。アユが体内にセシウムを持ち始めるのは決まって翌春、体長五〜七センチメートルほどに成長した若アユとして海から再び川に戻ってきた後なのだ。

悪玉セシウム

つまり、アユにとっての「汚染源」は川の中にある。

海水魚と比べると、淡水にすむ魚は水をほとんど飲み込まない。体内の塩分濃度が必要以上に薄まってしまわないようにするためだ。だから川の水から体内に放射性セシウムを取り込んでしまう経路はさほど太くはないと考えられる。また坪井さんたちのデータでは、各調査地点の川水はほぼ清浄だった。つまり水はきれいなのに、川に戻って一カ月を過ごすとアユの体内にはセシウムがたまってしまうのである。

とすれば残る汚染のルートは……？

海から川をさかのぼりはじめの春の若アユ（体内セシウムは検出限界以下）は、下流域で群れを

調査のために捕獲された福島県下の野生アユ。写真提供：坪井潤一さん

作って、主に水生昆虫を食べて過ごした後、六月ごろになるとだんだん上流方向に移動して、川底の岩の表面に付着したコケをついばみ出す。動物食から植物食にスイッチが切り変わるのだ。と同時に、一匹ずつがそれぞれ縄ばりを持つようになる。アユの体内の放射能濃度の「ターンオーバー」はちょうどこのころに起きる。

「アユは主に川底から被曝しているらしいのです」

と坪井さんは表現した。

川水が清浄なのに対して、川底に生えるコケ（珪藻《けいそう》、藍藻《らんそう》）からは比較的高い濃度の放射性セシウムが検出されている。同じ場所で捕れたアユの体内放射能濃度とコケの汚染度の間に確かな相関のあることが、坪井さんたちの研究によって明らかにされつつある。放射性物質は食物連鎖の流れに乗って藻類から魚類に移動していたのだ。

じゃあ、これまた清浄な川水の中で育っているはずのコケは、どのように放射性セシウムを含むようになるのだろうか。

研究チームの謎解きはこうだ。藍藻や珪藻は、川底にごろごろ転がる岩や砂利の表面に薄く生えている。アユ釣りの人たちが「水垢《みずあか》」と呼ぶように、触るとヌルヌルして、爪を立てると簡単に剥がれる。アユはこの水垢を口先ですくい取るように削って食べるのだ。そんな水垢は、川が少し増水して流れが強まり、河床の砂利が動くだけですぐにこすり落とされてしまう。

「つまり、個体としてのコケの生存期間はごく短いわけです。とすれば、コケ自身がこれほどのセシウムを体内に保持しているとは考えにくい」

と坪井さんはいう。

「注目しているのは、コケと一緒に岩の表面に存在する別のアタッチド・マテリアル——付着物質です。シルト（微粒砂）や、何らかの生物由来の有機物で、それが比較的多くの放射性セシウムを含んでいるのではないでしょうか」

福島第一原発事故でまき散らされた放射性セシウムは、事故発生から三年を経た今もさまざまな化合物として環境中に存在する。最終的には吸着体と呼ばれるある種の鉱物と固く結びついて安定するとされるが（第11章参照）、その状態に到達するまでの間には、イオン化して水に溶け

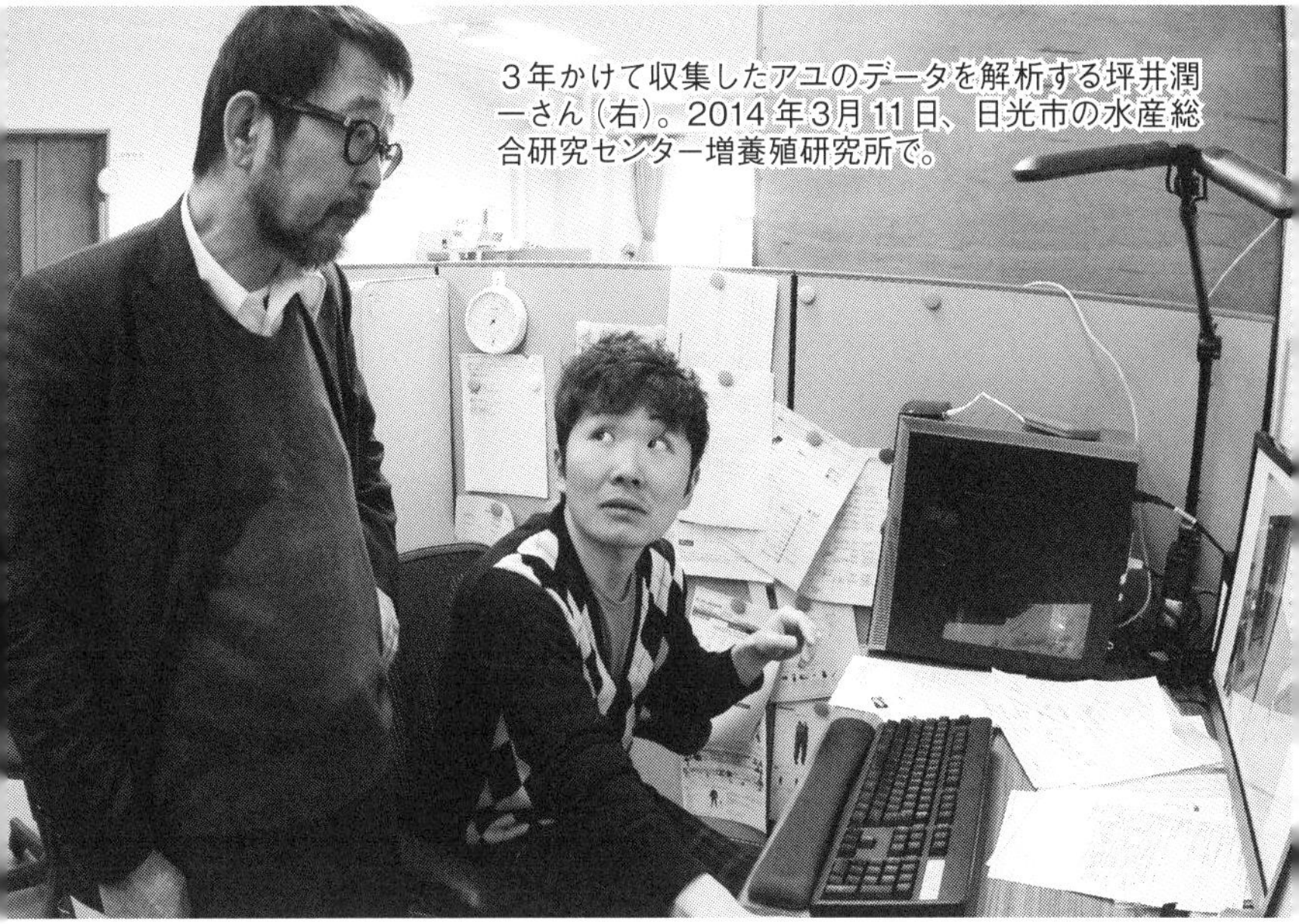

３年かけて収集したアユのデータを解析する坪井潤一さん（右）。2014 年３月 11 日、日光市の水産総合研究センター増養殖研究所で。

込んだり、生物の体に取り込まれたりと、形態や居場所をどんどん変化させる。

坪井さんが呼ぶ「アタッチド・マテリアル」とは、生き物が死んで生態系の分解作用を受け、ミクロン単位まで粉々になった後に残るカケラのことだ。それは川岸の森の木の枝から落ちてきた一枚の枯れ葉だったかも知れないし、先に死んだ別のアユのなれの果てかもしれない。生前、何らかの理由で体内に取り込まれていた放射性セシウムは、〝寄宿先〟が死んで朽ち果て、カケラとなってなおそこに残り続ける。そのまま川を流れ落ちるうちに川底のヌルヌルしたコケにくっつき、アユに食べられ、またその体内に入り込んでいく——というシナリオである。

「吸着体と強く結合した状態のセシウムは胃酸程度——水素イオン指数（pH）一前後——の分解力では外れませんので、飲み込んでもそのまま素通りして排泄されるでしょう。でも有機物に含まれるセシウムはやっかい。消化によって容易に筋肉中に吸収されていきます。悪玉セシウムとでも名付けましょうか」

と、坪井さんは付け加えた。

モニタリングでは、大雨が降って川が増水した後、アユの汚染度が上昇することも分かった。まわりの森から放射性セシウムが川に流れ込むためと考えられるが、アユにとって最も影響力が大きいのは、川水でも土そのものでもなく、セシウムを含む生物由来の有機物なのだ。自然生態系が誇る〝決して廃棄物を生み出さない〟物質循環の優秀さがかえって仇となり、ここでは放射性物質まで一緒にリサイクルしてしまっている。

明るいニュースは、どの川でも時間が経つにつれ、アユたちの体内の放射能濃度が確かに低減していることだ。ただ元通りとはまだいかない。坪井さんは最後にこんなエピソードを聞かせてくれた。

「新田川でのことです。『調査中』のゼッケンを付けて川に入っている僕たちを見つけて近づいてきたおじさんに、こう聞かれました。『（セシウム）濃度が高いのは内臓だろ？　内臓を避ければもう釣って食べても平気だろ』って。

水もきれいだし、そう思いたい気持ちはすごく分かります。でもアユの場合は内臓から身にもセシウムが吸収されているので、内臓を取り除いたとしても新田川ではまだちょっと食べられる状態にはない。われわれがそのメカニズムを解明して地元のみなさんにお伝えすることで、正しい判断をしてもらえるようにしたい」

第15章　ユメカサゴの警句

不幸なプレゼント

継続的な監視（モニタリング）で集めたデータを整理して変化の傾向を読みとり、仮説を立て、将来を予測する――。一般に自然科学の研究はこんなふうに進められるが、仮説や予測が正しかったとしても、現実の世界ではイレギュラーがつきものだ。

東京電力福島第一原発事故発生以降の福島沿岸海域で三年にわたって膨大な魚類のデータを積み重ねてきた水産研究者たちに混乱をもたらした張本人は、いわき市沖で試験操業船の底引き網に入った一匹のユメカサゴだった。

二〇一四年二月二十八日午前十時。約束の時間に福島県水産試験場（いわき市）を訪ねてみると、職員たちは見るからに浮き足立っていた。何日も前にアポイントメントを取っていたのに、面会相手の藤田恒雄・漁場環境部長は不在だった。代わりに対応してくれた水野拓治・漁場水産資源部長が、状況をこんなふうに説明した。

「非常に驚きました。完全にゼロになったとは言えないまでも、この魚種からこんなレベルのものが捕れることはまず一〇〇%ないだろう、と考えていましたから」

前日二十七日の午後、お膝元の同市小名浜漁港に水揚げされた魚の中に、一般食品の放射性セシウム基準値（一〇〇ベクレル／キログラム）を一〇%ほど上回る個体が見つかったのだった。地元では「ノドグロ」の名前で知られるユメカサゴ。色鮮やかな「赤魚《あかざかな》」で、本来ならおめでたい日の食卓の主役として人々を喜ばせるはずの魚である。なのに――。

「水産関係者にすれば、（原発事故発生から）三年経ってもこんな不幸なプレゼントが届けられてしまうのかという感じ」

と、水野さんはやるせなさをにじませた。

福島第一原発事故が起きたさい、目の前の太平洋に流れ出た「高濃度汚染水」によってとりわけひどい害を被ったのが、いわき市沿岸を含む原発以南の海域だ（第2章参照）。

震災四週目の一一年四月二日、地震と津波で壊れた原発で、取水口近くのコンクリート岸壁に生じた亀裂から〈高濃度汚染水〉が海に流れ込んでいるのを東京電力作業員が発見する。同社が流出を食い止めたのは同六日朝だった。同社の推計によると、この間に流出した水量は五二〇トン、放射能はヨウ素131が約二八〇八兆ベクレル、セシウム134とセシウム137がそれぞれ約九三六兆ベクレルずつに及んだ（政府／東京電力福島原子力発電所における事故調査・検証委員会「中間報告」、二〇一一年十二月）。ほとんど全量が原発港外に流れ出ていったと考えられている。同社は翌年、一一年三月二十六日から九月三十日までの間に海洋に放出した放射能の推定値を発表した（一二年五月二十四日付けプレスリリース）。ヨウ素131が一京一〇〇〇兆ベクレル、セシウム134が三五〇〇兆ベクレル、セシウム137が三六〇〇兆ベクレルだったという。事故後最初の半年間に流れ出た放射能全体の四分の一以上が、四月初旬のわずか数日間に集中的に海に注ぎ込まれていた計算になる。

県水産試験場の解析によれば、この時の高濃度汚染水は濃度を保ったまま、沿岸域で卓越する南下流に乗って移動していった。流出が止まると福島沿岸の海水の放射能濃度も急激に下がったが、生き物（水産物）の汚染はダラダラと長引いた。津波被害も相まって漁業は壊滅状態に陥ってしまう。それでも沖合の比較的深い海で捕れる魚種などから次第に回復がみえ、まず二〇一二年六月から北部の相馬双葉地区の一部で、また一年半遅れの一三年十月十八日からいわき地区で、「福島県による一万件を超えるモニタリングの結果から安全が確認されている魚種」（福島県漁業協同組合連合会）に絞った漁業が試験操業の形で再開されたのだった。

ユメカサゴはそんな試験操業の対象魚の一種だ。県漁連は水揚げ後に行なうスクリーニング（品質検査）結果をすべて公表している。それによれば、試験操業開始以降、他の大半の対象種同様、ユメカサゴの放射性セシウム濃度はずっと「不検出」が続いていた。データに基づいて立てた仮説（「モニタリングの結果から安全が確認されている」）は正しかった、と言うべきだろう。けれど昨日、初めてイレギュラーが出てしまった。

県漁連はすぐにユメカサゴの出荷停止を発表した。政府・原子力災害対策本部は三月二十五日付けで、福島県に対して「福島県沖で漁獲されたユメカサゴ」の出荷制限を指示した（一四年五月二十八日に解除）。

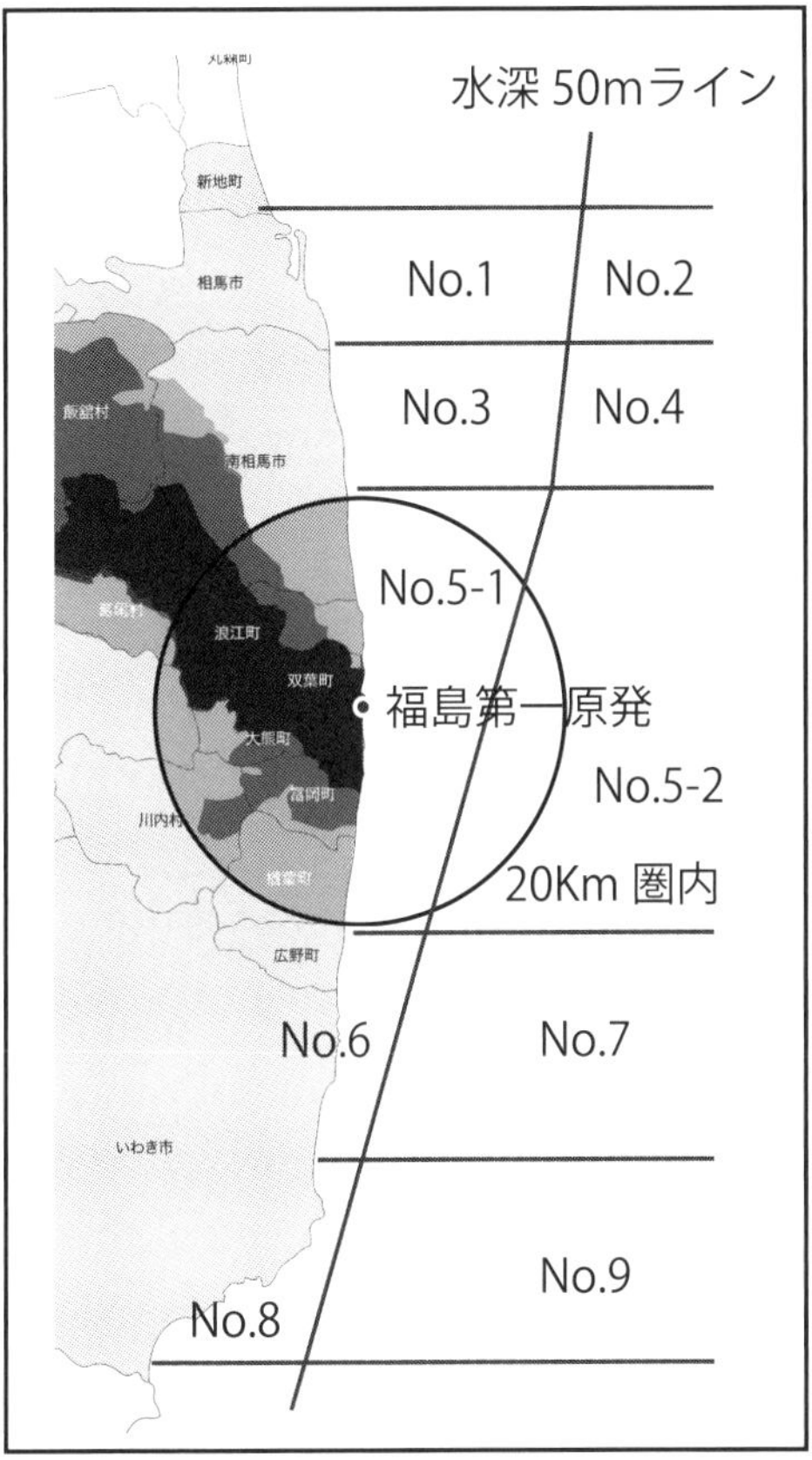

福島県緊急時環境放射線モニタリングの調査エリア。問題のユメカサゴは「エリア7」の水深 151 m付近で捕獲された。

根本芳春ほか「福島県海域における海産魚介類への放射性物質の影響」（福島水試研報第16号、2013年）掲載の図を元に作図。

「お待たせしてしまって」

と恐縮しながら漁場環境部長の藤田さんが顔を出した。海が荒れ出すと予報が出たので来週に予定していたモニタリングが急遽前倒しになったのだそうだ。港に揚がったサンプルの魚を引き取ってトラックに乗せ、いま戻ってきたのだという。おまけにこの日の藤田さんは「基準値超えユメカサゴ」に関する水産試験場の問い合わせ窓口を務めていて、外勤から戻るや、取材にきた新聞記者やらあちこちからの電話やらにまたつかまってしまった。

話を聞くのは後回しにして、港から運び込まれてきたばかりの魚の処理を見学する。

県水産試験場の検査室は学校の理科室や調理実習室に似ていた。二人一組の研究職員たちが大きな作業テーブルに向かっている。一人は測定担当、もう一人は記録担当だ。測定者は差し渡し一mほどのトレイに満載された中から一匹をつかみ出し、まず種名を告げる。体長・体重を測定して読み上げ、包丁で腹を割いて雌雄や成熟度を判定する。胃袋を開いて残留物を調べ、直前まで食べていたのが小魚なのか甲殻類なのか、判別できるものは判別する。寄生虫が見つかればそれも記録。内臓だけの重さも量る。頭部に刃物を入れ、耳石《じせき》と呼ばれる米粒ほどの器官を取り出して記録担当者に手渡す。それは番号を振った紙製の標本袋に収まった。耳石には年輪が刻まれていて、後で拡大観察すればその魚の年齢が分かる。最後に放射能測定にかける部位（可食部）を保管して一丁上がり。こうして一匹ごとの精密なデータが記録・蓄積されていく。

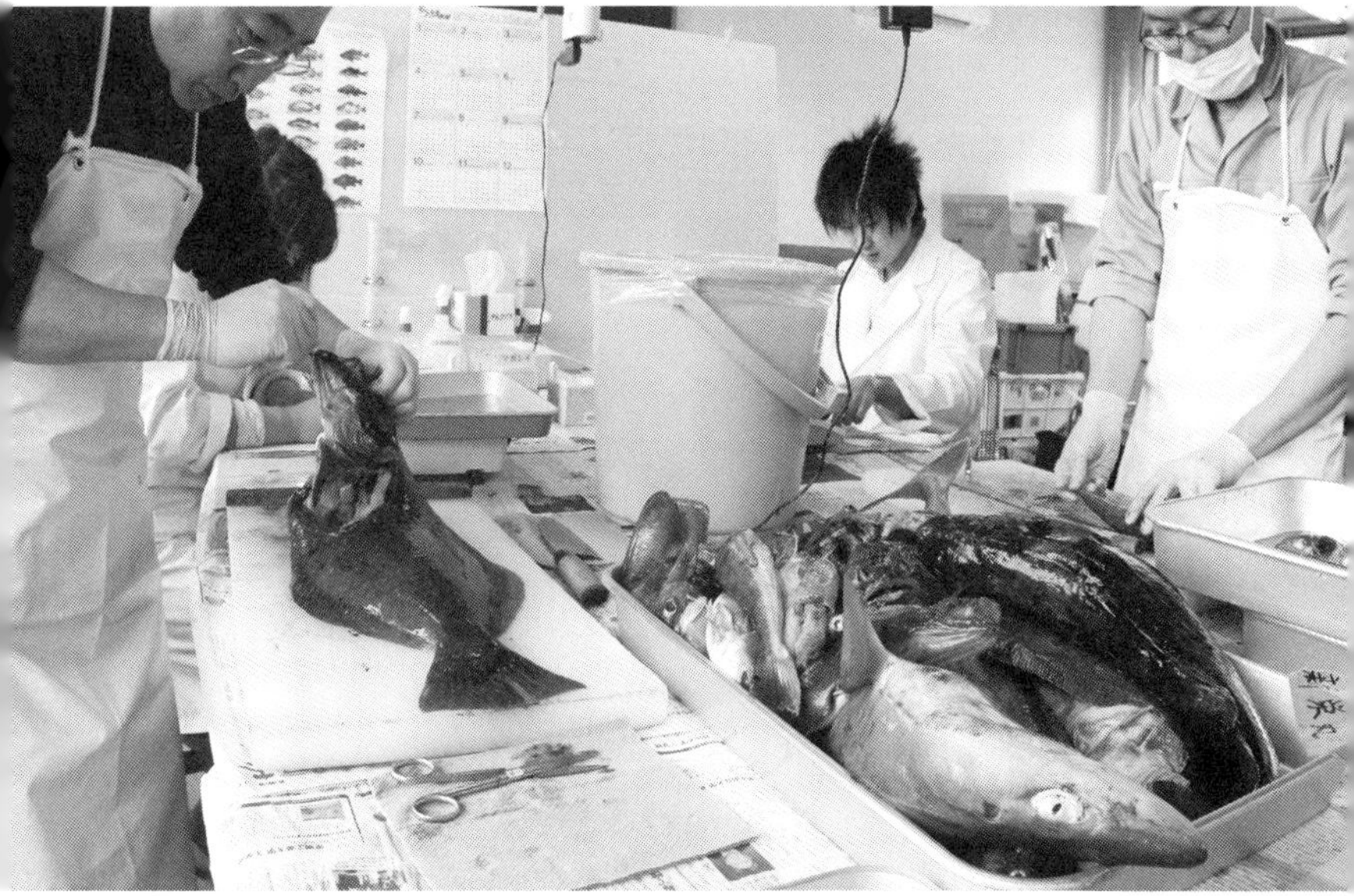

上：モニタリング用に捕獲された魚類を測定する研究スタッフたち。膨大なデータが手際よく記録されていく。2014年2月28日、福島県水産試験場で。
下：埠頭で待機中の漁船。週に1度の試験操業日には10数隻が出漁する。いわき市の小名浜港で。

作業は流れるように進み、熟練の様子が見て取れた。原発事故発生間もない一一年四月七日から週一回のペースで繰り返され、すっかりルーティンワークになっている。

県漁連の試験操業が対象種を絞り込んでいるのに対し、こちらの「緊急時環境放射線モニタリング」は、福島海域にあらかじめ一〇区画を定め（一三九頁図）、それぞれで網を引いて捕獲される全ての魚種を検査している。この日もトレイにはヒラメ、マアナゴ、マダラといった有名どころから、ケムシカジカ、カナガシラ、ジンドウイカなどややマイナーな種類、全長一m以上もあるアブラツノザメまで、水族館並みの顔ぶれがそろっていた。ユメカサゴもいた。

漁業再開はいつ

水産資源部のオフィスに戻ると、水野さんまで別の来客と打ち合わせ中だった。東京海洋大学海洋観測支援センター（東京都港区）の石丸隆《いしまるたかし》特任教授（海洋生物学）。大学練習船を震災直後の福島沿岸海域に派遣するなど、精力的に現場調査を重ねている研究リーダーの一人だ。県水産試験場との連携も深い。会話が一段落するのを待って、「基準値超えユメカサゴ」について聞いてみた。

――この個体、どこで放射能を取り込んだんでしょう？

水野さん「ユメカサゴは深海性で定着性が強く、一生を通じてあまり移動しません。浅い海の魚に比べて、事故直後の放射能蓄積量が少なかった魚類のひとつです。だから事故後一年で（放射性セシウム濃度は）ほとんど検出限界以下になりました。でもこの個体はそうではなかった。事故直後によほど大量に溜め込んでいたとしか考えられない」

——事故前に生まれた魚だったんですね？

水野さん「耳石を見たら五歳から六歳の間でした」

石丸さん「だとすると、生物学的半減期（体内にある放射能の見かけの半減期）を二〇〇日と長めに見積もって、事故直後にこの個体は三〇〇〇ベクレル／キログラムはあったはずなんだけど。どうやってそんなに蓄積したのか……」

水野さん「ツノナシオキアミ汚染説は？　甲殻類の一種で、福島ではちょうど春先に産卵のために親潮に乗って大群で来遊してくるんです。高濃度汚染水が流れた時期にちょうどこれがいたんじゃないでしょうか。放射能を溜め込んだ状態で沖合に戻り、このユメカサゴに捕食されたというシナリオ」

石丸さん「ただ、震災年の七月にわれわれが初めていわき市沖に調査に入った時は甲殻類の数値は低かったでしょ」

水野さん「でも四月から五月にかけてコウナゴで一万四四〇〇が出ています」——

最前線の研究者たちに、〝不幸なプレゼント〟に挫けている時間はないようだった。

午後になり、やっと手の空きだした漁場環境部長の藤田さんに聞いた。福島の海面漁業、いつ再開できますか？

「ようやく（放射能汚染の）終結を宣言できるかな、というところまで来ていたんです、昨日までは。試験操業のスクリーニングがちゃんと働いて、基準値を超える魚が市場に出回ることはないと証明できたのは良かったですけど。もともと福島の漁業経営規模は大きくありません。いま放射能のせいで出荷規制を受けている魚種は、出荷額ベースで表すと全体の四〇％を占めています。これらを全部水揚げできるようにならないと採算が取れない。東電の補償金があるとはいえ、休漁が続けば後継者だって育ちようがありません」

質問に対する答えは得られなかったが、福島の海の現状と、海に関わる人びとの苦悩はひしひしと伝わってきた。

第4部　非除染地帯の生態系はいま

第16章　「生態学の目」で見る

福島県浜通り地方のあちこちで、森や川や海のようすを見てきた。東京電力福島第一原発事故発生から四年目を迎えてなお、除染はわずかな面積にとどまり、放射能は生態系に入り込んだままだ。事故由来の放射能が野生動物たちの体にどのくらい入り込んでいるのか、また生態系の中でどんなふうに動いているかの究明が進む一方で、一体いつになったら元通りの状態に戻るのか、回復を促す有効な処方箋はないのか、最も知りたい疑問にはだれも明快には答えてくれなかった。

陸域・水域を問わず、事故原発に近づこうとすればするほど、情報は希薄になる。依然として高いままの放射線量が、現場での野生動物の観察や捕獲分析をともなう本格的な調査活動を妨げているのだ。

聞こえてくる内容はだからいつも断片的だ。たとえば中型哺乳類の行動や生息密度について。

二〇一三年夏、南相馬市小高区（避難指示解除準備区域）を案内してくれた地元博物館の稲葉修

学芸員は、

「人の姿が消えた後の町でアライグマ（侵略的外来種）の痕跡がひんぱんに見つかるようになった。イノシシやニホンザルの目撃も増えている」

と語っていた（第6、7章参照）。

警戒区域（当時）の自治体担当者などにヒアリングした環境省の「平成二四年度福島県における野生鳥獣の生息状況等に関する調査結果（概要）」（一三年七月）には、イノシシが「海岸部も含め警戒区域の広い範囲で生息していることが確認され、生息数も増加している」、またニホンザルについて「屋根やベランダに上がるなどの生活環境への被害が生じていた」「人が近くにいても逃げなくなっていた」との報告が掲載された。

「福島ニホンザルの会」の大槻晃太さん（第13章参照）はまた違った印象を語る。一三年八月に浪江町に調査に入ったが、

「サルの気配をあまり感じませんでした」

限られた滞在時間中に糞や食痕《しょっこん》（食べ物に残る噛み跡）などを探したものの、ほとんど見つからなかった。三シーズン続けて耕作が中断したままの農地に作物は残っていなかった。無人化エリアの餌場としての魅力は下がっている可能性があるという。

それぞれの地点・時点・視点で、どれもが正しい情報なのだろう。しかし統合がなく、全体像が見えない。

ＥＲＩＣＡツール

環境省は二〇一一年秋から、警戒区域（当時）と隣接エリアで「野生動植物への放射線影響調査」を続けている。汚染された自然環境の変化を網羅的にとらえるために、国際放射線防護委員会（ＩＣＲＰ）の報告書『環境の防護／標準動植物の考え方と利用』（注1）を参考に指標とする動植物類を選んで定期的に捕獲・採集し、それぞれが被る放射線影響を追跡しようとする試みだ（左頁表）。ただ、残念ながらこれまでの三年間を見る限り、実態解明にはほど遠いと言わざるを得ない。

確かに独特の難しさはある。「シーベルト」はもはやだれの耳にも馴染みの単位だが、この単位のついた数字が物語るのはあくまで「人体への影響（がんと遺伝性影響）の大きさ」である。たとえ同じ環境下でも、同じ計算方法をヒト以外の動植物に当てはめることはできない。生き物は種類によって体サイズも体内構造もまちまちだから、同じ放射線下でも体内組織が受け取るエネルギー量が違ってくるし、放射線に対する感受性（強さ／弱さ）も種ごとに異なると考えられている。

おまけにそもそも、野外で捕獲・採集したサンプルがそれまでどんな種類の放射線を体のどの

注1　ICRP, Environmental protection: the concept and use of reference animals and plants, ICRP publication 108（2008）

環境省による旧警戒区域内でのモニタリング指標種

	2012年度	2013年度	（参考）ICRP108の指標種
哺乳類・鳥類	アカネズミ、ヒメネズミ、ハツカネズミ、ツバメ	アカネズミ、ヒメネズミ、ハタネズミ、ツバメ	シカ、ラット、カモ
両生類	ニホンアカガエル、トウキョウダルマガエル、ツチガエル、カジカガエル、アカハライモリ	ニホンアカガエル、アカハライモリ	カエル
魚類	タイリクバラタナゴ、ギンブナ、ドジョウ、メダカ	タナゴ、ウグイ、フクドジョウ、ヤマメ、カワムツ	マス、カレイ類
無脊椎動物	ニホンミツバチ、その他ハチ目、ヤマトシジミ（蝶）、ジョロウグモ、ワラジムシ、ミミズ、アメリカザリガニ、サワガニ	マイマイカブリ、クロナガオサムシ、スズメバチ	ハチ、カニ、ミミズ
陸生植物（種子）	キンエノコロ、チカラシバ、アカマツ、スギ、ヒノキ	キンエノコロ、チカラシバ、アカマツ、スギ、ヒノキ、アカネ、キカラスウリ、センダンほか	マツ、イネ科植物
藻類	なし	なし	褐藻類海藻

出典／同省「野生動植物への放射線影響に関する意見交換会要旨集（各年度版）」

部分にどれだけ浴びてきたのか、正確に算定する手法が確立されていない。

環境省のこの事業では、動植物の体内の放射性セシウム濃度とサンプリング当時の空間線量、それに近くの水や土に含まれるセシウムの濃度を測定し、それらの数値を「ＥＲＩＣＡアセスメントツール」(注２)と呼ぶ計算式にかけて被曝線量率を推計している。だがそれは、

「実際に生物が受けた被曝線量とは大きな相違がある可能性があります」（同省自然環境計画課の尼子直輝さん）

と、のっけから但し書きつきの頼りなさである。

一四年三月十二日、同省が都内で開いた報告会では、調査に助言する研究者たち――とりわけ放射線学分野の――から注文が相次いだ。

「放射線の影響を論じるのに最も大事なのは線量評価。なのになぜ、生態学（分野）の人はそれを後回しにしているのか」

「個々の調査活動がバラバラに行なわれている。互いを結びつけるプラットフォームを整備すべき」

「原発の爆発直後にさかのぼった線量計算が欠けている」

「環境省は海洋の生物に手をつけていない」

「放射線が当たれば染色体異常が出るのは当たり前。それが生態系の変化にどうつながるかが関心事なのに、ブラックボックスのままになっている」

「農村から人が消え、通水されなくなった用水路で、希少な淡水性二枚貝が全滅してしまった。こうした間接的な被害も記録しなくては」

このようなやりとりを、もし浜通りの人たちが傍聴席で見ていたらきっと立ち上がってこう叫んだに違いない。

――そこまで分かっていて、なぜそうしない？

アブラムシは「選択」を受けた

あらかじめ定めた少数の指標種を集中的に追跡し、その変化の具合から生態系全体の様子をうかがおうとするのが、先述した国際放射線防護委員会報告書の考え方である。日本の環境省も追随している。しかし当然ながら、監視の網目から漏れこぼれる生物種のほうが圧倒的に多い。初めに指標種を選び間違うと、異変の起きていることに最後まで気づくことができず、「自然環境への影響は見られなかった」と〝科学的に〟結論してしまいかねない。

第3章に登場してもらった北海道大学農学研究院の秋元信一教授は二〇一四年一月、「福島第一原子力発電所近隣の高線量汚染地域での虫こぶ形成アブラムシにおける形態異常：降下物によ

注2　EU傘下の欧州原子力共同体（本部・ベルギー）が開発した線量評価プログラム。

る選択的なインパクトによるものか？」と題する研究論文を英文誌に発表した。(注3)秋元さんが調べている「虫こぶ形成アブラムシ」は、環境省の調査対象種ではない。

秋元さんは一二年夏に続き、一三年も同じ川俣町山木屋地区（居住制限地域・避難指示解除準備地域）でハルニレの木の葉に形成された多数の「虫こぶ」を探し集めた。研究室に持ち帰ってひとつずつ内部を調べ、虫こぶの中のアブラムシの死亡や形態異常の程度を計測・比較する、という手法をとっている（以下、引用は前記英論文を秋元さん自身が日本語に訳して一般社団法人北海道自然保護協会誌『北海道の自然』五二号［二〇一四年］に発表した「福島原発事故に伴う放射性降下物によるワタムシ（アブラムシ科昆虫）の形態異常と集団の回復」による）。

生き物たちが被った放射線影響を評価するうえで、このやり方にはメリットがいくつもある、と秋元さんはいう。この種の虫こぶ形成アブラムシ（オオヨスジワタムシ *Tetraneura sorini*、クロハラヨスジワタムシ *T. nigriabdominalis*）は、虫こぶという密閉空間の中で脱皮を繰り返しながら成長するので、観察者にすれば、一個一個の虫こぶを区別して扱うかぎり、この間の個体の出入りを考えずにすむ。虫こぶ内には脱皮殻《だっぴがら》や、成長途中で死んでしまった個体の死骸がそのまま残るため、いつ、だれに何が起きたかが一目瞭然だ。虫こぶは、いわば個体の履歴を封じ込めたタイムカプセルなのだ。

季節ごとに寄生先を使い分け（「寄主転換《きしゅてんかん》」）、また有性生殖と単為生殖を交互に繰り返すというユニークな生態に関する詳細な知見——何といっても秋元さんはアブラムシ類のオーソリティである——も、山木屋の集団に形態異常をもたらした要因を推し量るうえで大いに活用されている。

秋元さんによれば、これら虫こぶ形成アブラムシの生活史はこんなふうに展開する。

ハルニレの葉の表面に虫こぶを作るのは、体長一ミリメートル前後の「幹母《かんぼ》一齢幼虫」と呼ばれるステージの個体だ。春に出現し、寄生先であるハルニレの開きかけの若い葉にたどりつくと、針の形をした口器で刺激を与えて植物組織をボール状に膨らませる。幹母一齢幼虫は一匹ずつ自らその内部に取り込まれ、その後はこぶの内壁から植物の栄養を吸い取りつつ、次のステージに向かう。脱皮するごとに幹母二齢幼虫、幹母三齢幼虫……幹母終齢幼虫と名前を変えながら、最終的には体長五ミリメートルほどの「幹母成虫」に変態するのだ。

幹母成虫には雌雄がなく、虫こぶの中でひとりで第二世代（第二世代一齢幼虫）を産む。幹母成虫一個体の産数は平均八。交尾なしの無性生殖（単為生殖）だから、生まれる幼虫たちは幹母成虫と同一の遺伝子をもつ「クローン」である。幹母成虫の遺伝子がもし傷つくなどしていたら、クローンたちにも同じ傷が引き継がれるということだ。

虫こぶの中で第二世代幼虫たちはまた二齢・三齢……と脱皮を繰り返しながら成長し、初夏を迎えるころ、成虫になる。この間、虫こぶ内はずっと密室状態だから、生きた虫たちの出入りは

注3　Shin-ichi Akimoto, Morphological abnormalities in gall-forming aphids in a radiation-contaminated area near Fukushima Daiichi: selective impact of fallout?, Ecology and Evolution, Volume 4, Issue 4, pages 355–369,2014.

もちろん、脱皮殻や、死亡した個体の遺骸が失われてしまうこともない。秋元さんはこう記している。

〈昆虫類の形態学では伝統的に成虫形態が注目されてきたが、成虫を用いると、成虫まで成長可能な生存力の高い個体だけを調査対象とすることになる。一方、一齢幼虫に注目すれば、生存力の低い個体も調査の対象にでき、特に成長途中で発育が停止した個体の変異性を調べることが可能である。一般に、野外において、脚や触角が欠けた昆虫が発見されても、捕食による影響を排除することは困難である。しかし、完全閉鎖空間であるゴール（虫こぶのこと、引用者注）内で発見される昆虫が脚を失っていれば、捕食の可能性を排除できる〉

さて、虫こぶ内で生まれ育った第二世代たちは「有翅型《ゆうしけい》」と呼ばれる。虫こぶ第一世代（幹母成虫）にはなかったハネが生えているからだ。虫こぶの役目はここで終わる。第二世代有翅型は虫こぶを抜け出してハルニレの木から飛び立ち、今度はイネ科植物（オオヨスジワタムシの場合はススキ、クロハラヨスジワタムシの場合はエノコログサと決まっている）の地中の根にたどりつくと、また無性生殖で第三世代一齢幼虫を産みつける。これが「寄主転換」である。この第三世代幼虫は成虫となってもハネは現れず、夏じゅうずっと地中で過ごす。この間、同じ無性生殖のパターンで何度か世代交代が繰り返され、個体数は増え続ける。

秋を迎え、宿主のススキやエノコログサが枯れる時期になると、再び有翅型成虫が出現し、アブラムシたちは初夏とは逆のルートをたどり出す。地中から飛び立ってハルニレの木に到達し、その樹皮上でまたまた幼虫を産むのだが、春夏秋冬の一年サイクルのうち、この時初めて（そしてただ一度だけ）雄と雌を出産する。これら雌雄は間もなく交尾し、雌はやがて樹皮に卵を産みつける。卵はそのまま冬を越し、翌春ここから幹母第一齢幼虫が孵化するのである。これで一年越しの生活環がつながった。

さて、東日本大震災が発生したのは二〇一一年三月十一日だった。虫こぶ形成アブラムシの一連の生活ごよみに照らすと、直後に事故を起こした福島第一原発由来のフォールアウトは、ちょうどハルニレの樹皮に産みつけられた卵を直撃したと考えられる。秋元さんの解説を聞こう。

「秋に樹皮に産みつけられた卵は、春までずっと外気にさらされています。一帯がフォールアウトに見舞われた間じゅう、アブラムシの卵は宙を漂う放射性粒子が発するガンマ放射線（空気中で比較的長い距離を貫き飛ぶ）を浴び続けたでしょうし、そのような微細な粒子自体がすぐそばの樹皮や卵そのものに付着して、ベータ線（ガンマ線に比べると飛距離は短いが高エネルギー）などによって局所的に強烈な影響を受けた可能性も十分考えられます。やがて初夏を迎え、虫こぶを形成した後の幹母（幼虫・成虫）や、そのクローンたち（第二世代）は、虫こぶの中で同じように外から放射線を浴びたことでしょう。

夏になると彼らは樹上生活から地中生活に移行するわけですが、地中といってもススキやエノコログサの根元ですから、やはりフォールアウトの影響が非常に強く残留する環境です。彼らはそこで無性生殖でクローニングを重ね、一一年十一月ごろにまた樹上に戻って、原発事故後初めての有性生殖の卵を産みつけます。明けて一二年の春、その卵から孵化した幹母幼虫による虫こぶの内部を、私は観察したわけです」

結果は第3章で示したとおりだ。すなわち、事故原発から三二キロメートル北西に位置する川俣町山木屋地区で一二年春に採取した虫こぶ内の幹母一齢幼虫は、オオヨスジワタムシで一三・二％、クロハラヨスジワタムシで五・九％が形態異常を示し、前者の割合は非汚染地域七地点の同種他集団との比較で統計的に有意に高かった。また後者の割合は非汚染地域六地点の同種他集団のうち一部集団との間で有意差があった。

「もしかすると、一番ひどい時の状態を私は見たのかも知れない」

と、秋元さんは話す。それにはふたつの意味があり、ひとつは、放射能汚染を受けてから初めて有性生殖で生まれた世代を観察した、ということ。もうひとつは、その直後のクローンたち（第二世代）や、さらにそれ以降の子孫たちにはもう、特に頻度高い形態異常などは見いだせなくなったということ。

秋元さんのこの仕事が示す教訓は明らかだろう。生物種によっては、実際は生物集団全体が非常に大きな影響を受けているのに、見るべきタイミングをちょっと逃しただけで、まるで何も起きていなかったかのような観察結果しか得られない場合が起きうる、ということだ。

原発事故から三年以上が経過し、今ではアブラムシたちにもうそんな異常は見られない。地域集団の絶滅といった深刻な事態も招かなかったのだから、けっきょく何も起きなかったのと同じ

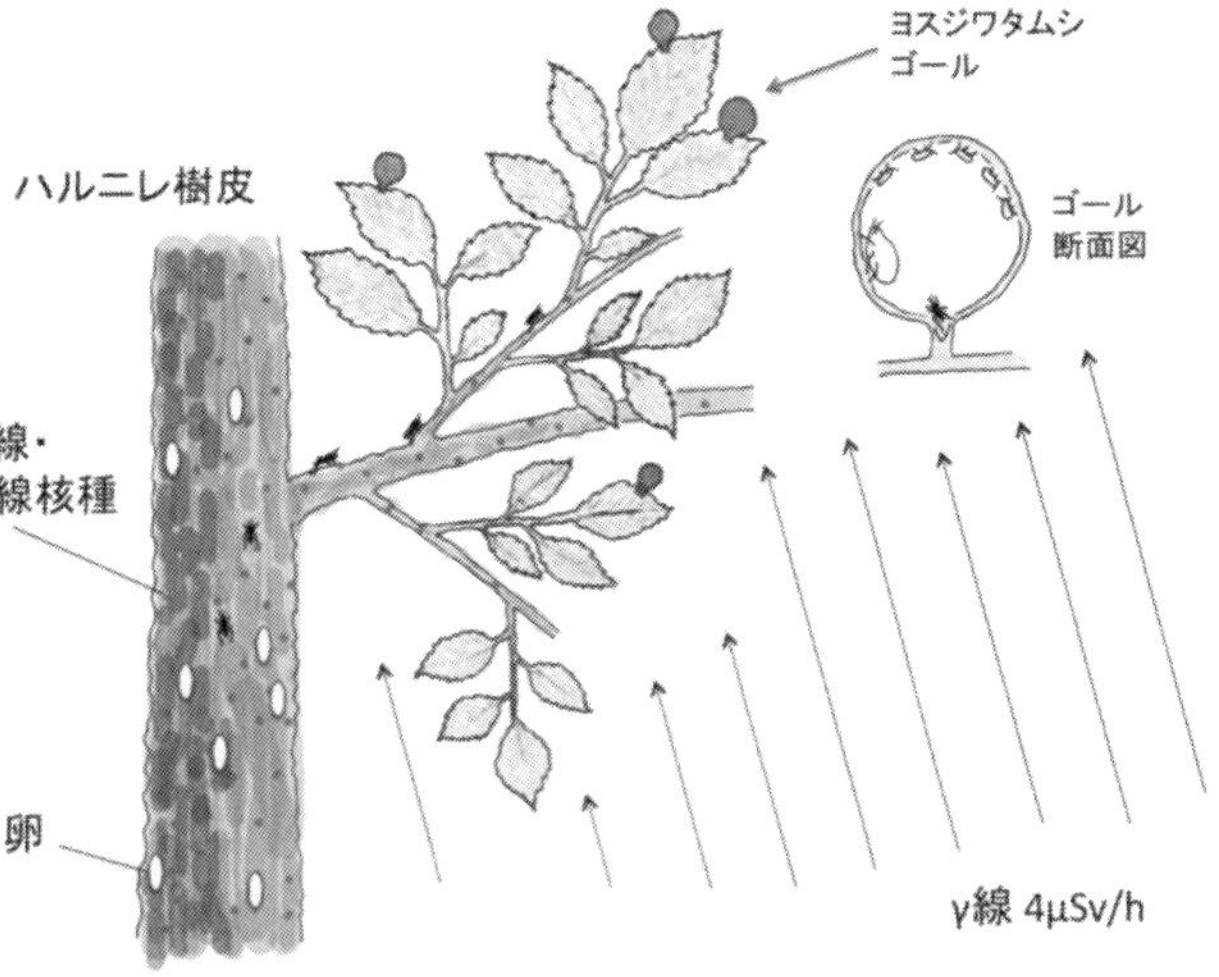

ハルニレ上での放射線降下物による被曝を示す模式図。秋元信一「福島原発事故に伴う放射性降下物によるワタムシ（アブラムシ科昆虫）の形態異常と集団の回復」（一般社団法人北海道自然保護協会誌『北海道の自然』52号、2014 年）から転載。

なのでは——？ と楽観的な態度が取れたらどんなに気がラクだろう。

でも、自然環境中に原発由来の放射能を大量にまき散らした「加害者」としての私たちに、それは許されないと思う。

二〇一三年春に作られた虫こぶの中の幹母一齢幼虫にもう異常が見いだせなくなっていたことについて、秋元さんは上記論文で、

〈二〇一三年に放射線のレベルが低下しただけではなく、アブラムシの放射線耐性が選択を受けたことを通じて、アブラムシの生存力と健全性が向上した〉

と考察している。

「選択を受けた」とは生物進化学の

用語で、まわりの環境条件に適応できない個体が淘汰され、集団としての性質が変化した、というほどの意味だ。今回のケースでは、集団を構成していたメンバーのうち、事故原発が放出した人工放射線に耐え切れなかったものたちが虫こぶの中で形態異常を起こして死亡し、放射線に耐性のあったメンバー（の子孫）だけがあたかも選抜されたかのように生き残った、と推論されるわけだが、もし秋元さんによって二〇一二年春の虫こぶが観察されていなければ、この時期の幹母一齢幼虫たちに高頻度の形態異常が起きていることは分からずじまいで、事故原発から三〇キロメートル界隈に生息するアブラムシ集団が選択を受けたことすら未知のままだったろう。

中・大型哺乳類に注目せよ

同じことは哺乳類についても言える。

茨城県つくば市にある独立行政法人森林総合研究所の特任研究員で、日本哺乳類学会・保護管理専門委員会委員長を務める山田文雄《やまだふみお》さんは、

「環境省が旧警戒区域内でのモニタリングの哺乳類指標種として、野ネズミしか選んでいないことは理解できない」

と指摘する。

環境省が依拠する前出の国際放射線防護委員会報告書『環境の防護／標準動植物の考え方と利

ニホンザル	？	1万〜25万Bq/kg（2011年4月）	3万〜5万Bq/kg（2012年4月）
イノシシ	食品基準値以上	食品基準値以上	？
ニホンジカ	食品基準値以上	分布なし	分布なし
野ネズミ	5000Bq/kg	2万Bq/kg	5万Bq/kg以上
外来種	？	？	？
空間線量率	0.3μSv/h	1-2μSv/h	30-50μSv/h

空間線量と哺乳類の体内放射能濃度
山田文雄ほか「福島原発事故後の放射能影響を受ける野生哺乳類のモニタリングと管理問題に対する提言」（『哺乳類科学』53巻2号、13年）掲載図を元に作図。

用』は、大型哺乳類としてシカを指標種に加えている。ところが福島の旧警戒区域では、たまたま野生のシカが分布していなかったため、環境省は除外した。けっきょく指標種の中に哺乳類は野ネズミだけになった。

「国際放射線防護委員会報告書は、地域ごとに特有の意味ある生物があればそれを標準動物として使うべきだと注釈をつけています。福島の哺乳類であれば、まずニホンザルのモニタリングは必須でしょう。ヒト以外の霊長類で、世界で初めて原発災害を被ったのがニホンザルです。ヒトとの近縁性から、放射線影響のより直接的なモデル動物としての意義があるとも考えられます」

最後に一枚のイラスト（前頁図）をご覧いただこう。山田さんら哺乳類研究者たちによる提言に掲載された原図から、山田さんの了解を得てエッセンスだけ抜き出した。

横軸は原発事故による追加被曝量を空間線量率で表してある。右に移動するほど高く――つまり福島第一原発に近づいていく。

散りばめた数値はそれぞれの空間線量率の場所で捕獲した野生哺乳類の体内放射能濃度を示している。山田さんは森林総研チームの一員として、原発事故発生の七カ月後から川内村など「二〇キロメートル圏」内外の国有林内に設けた監視サイトで野ネズミのモニタリングに取り組んできた。これまでに、雑食性で植物も動物も菌類も口にする野ネズミの体内放射能濃度がこれら餌生物の放射能濃度に大きく左右されることを突き止め、成果はこのイラストにも生かされている。

グレーを重ねたのは哺乳類の体内放射能の情報が欠落しているところ。避難区域では野ネズミを除く全種類について、またその外側でもイノシシやシカは食肉として適しているかどうかの検査しかされていない。外来種にいたっては「データなし」だ。

「せっかく狩猟者からサンプルの提供を受けているのに、現状では食品としての肉の汚染がモニタリングされているに過ぎません。一般食品としての基準値（一〇〇ベクレル／キログラム）を超えたら出荷停止令が出て、以降は捕獲自体が停止してしまう。野生動物の放射能汚染をモニタリングするためには、偏りなく、かつ継続的なサンプリングと測定が不可欠なのに」

と山田さんは残念がる。そういえば、川内村のハンター諏訪さんは「これは食べられないから」と獲物を線量も測らずそのまま焼却場送りにしていた（第12章）。狩猟や駆除で捕獲した野生動物を生態系診断に役立てるためのチャンネルが、残念ながら現在の福島にはない。

グレーゾーンを潰していくべく、山田さんは、

「体制を整えるとともに、研究者と地元との間で情報交換や共有化の方法の構築が必要です」と語る。それは単に研究の進展のためだけではないだろう。自分が暮らす場所の自然環境が原発事故によって一体どうなっているのか、住民には真っ先に知る権利がある。人は放射能を五感でとらえられない。浜通りの地元住民でさえ、森や川や海がこうむり続ける放射能被害の実態を知るには「生態学の目」に頼るほかない。

哺乳類以外の生き物も含め、グレーゾーンが消えてなくなった時、生態系被害の全貌が明らかになる。

あとがき――福島エコツアーのすすめ

現場で見聞きしたすべてを書き尽くすことが取材記者の究極の望みです。ただ実際にはなかなかおよばず、「3・11後」の福島県浜通り地方の生物多様性について、本書もすべてをお伝えできたわけではないことをお断りしておかなくてはなりません。足りない部分を補うには、やはり読者自身に現場に足を運んでいただくのが一番です。

福島県浜通り地方への旅行は、帰宅困難区域を縦貫するJR常磐線や常磐自動車道、国道六号などに依然として通行止め区間があるので迂回を強いられるものの、また地区によっては住民がまだ退避中でコンビニとガソリンスタンドが日中営業しているだけ、といった場合もありますが、事前に調べてから出掛ければ、立ち往生する心配はまずありません。事故原発に近いほうから帰還困難区域・居住制限区域・避難指示解除準備区域と三重の構成になっている避難区域のうち、一番外側の避難指示解除準備区域までなら昼間は自由に散策できます。夜間の立ち入りは制限されていて、うっかり暗くなるまで長居するとパトロールの警官隊に誰何《すいか》を受けることがあります。川で魚捕りをしたり、森でバードウォッチングや昆虫採集をしてみたいという人は、場所によっては健康上の配慮が必要かも知れません。河原や山林は原則として除染対象外です。地表の土に放射性セシウムなどが沈着している場所だと、空間線量率は地面に近いほど高い傾向がありま す。無防備のまま林床に這いつくばって長く虫を探し続けたりすると、余分に被曝します。もし終日ヤブの中を歩き回って過ごすような場合、あらあじめ全身スーツと防塵マスクを着けて放射能の付着や吸引を防ぐようにすると安心です（暑い季節は熱中症に注意）。スーツやマスクは使い捨てますが、基準を超えて汚染した場合は、放射性廃棄物として処分しなくてはなりません。

川水はほとんど清浄と考えてよいものの、流れの緩やかな場所の川底に堆積した泥などに時に高濃度の放射性セシウムなどが蓄積している可能性はあります。ウェーディング（水中に歩いて入ること）で靴底についた泥は、川水でざっと洗い落としてから帰るのが無難です。

野山を歩けば、おいしそうな山菜やキノコや果実・木の実が見つかるでしょう。福島県のモニタリングによれば、旧警戒区域に属する浜通り地方のいくつかの自治体で今年（一四年）春に採れたウド、ワラビ、ゼンマイから一般食品の汚染基準値（一〇〇ベクレル／キログラム）を超す放射性セシウムが検出され、新たな出荷制限がかかりました。とはいえ、原発事故発生から間もないころに記録された最悪値に比べたら、汚染レベルはおおむね一〇〇分の一かそれ以下で、口にした場合のリスクは大幅に低減しています。食べる前に放射能濃度と重さを測って（ちょうどダイエットのためにカロリー計算する要領で）内部被曝量を管理すれば、健康リスクは自分でコントロール可能です。

イノシシやキジなどの野生鳥獣肉は多くの自治体で出荷制限がかかったままなので、それらのジビエをおみやげとして買い求めることができないのは残念です。住民が避難したままのエリアでは、時にこうした野生動物と至近距離で遭遇できる場合があります。動物好きにはドキドキする瞬間ですが、それが無人化した住宅の庭などだった場合、追い払いをかけるかそのまま見守り続けるか、旅行者としては悩みどころです。

事故原発に近づけば近づくほど、自然環境からのかけがえない恵み（生態系サービスとも呼ばれます）をほとんど受け取れない状態であることに、エコツーリストとなったあなたは気づくでしょう。森で深呼吸し、海や川で水浴し、草原に寝転がり、流木を集めて小さな火を焚き、日が暮れたらテントを張ってぐっすり眠る、といったふつうの野遊びを、ここではまだ無心に楽しめる状態ではありません。

自然豊かな福島の森や川や海をそんな状態に陥れたのは一体だれだったのか？

答えにたどり着くためのガイドブックとして本書をご利用いただければ幸いです。

＊＊＊

本書の執筆にあたって、福島県浜通り地方にお住まいのみなさんをはじめとする被災地の大勢の方たちと、東日本大震災後の自然環境の変化について調査・研究に打ち込まれている福島県内外の研究者のみなさんに詳しくお話をうかがいました。根掘り葉掘りの質問に、丁寧にお答えくださったみなさんにこの場を借りて深く感謝を申し上げます。なお、登場人物の年齢や肩書きなどは原則として取材時のままとしました。事故原発の周辺自治体では、震災から四年足らずの間にひんぱんに避難エリアの再編が実施されていますが、これも原則として取材時点における区分をそのまま使用しています。放射能測定値も時間とともに大きく変化しており、あくまで取材時のデータであることに留意して下さい。

本書は、二〇一三年から一四年にかけて『週刊金曜日』誌に断続的に掲載した記事に、大幅な加筆修正を加えて再編したものです。同誌読者のみなさん、同誌編集部の渡辺妙子さん、フォトジャーナリストの木村聡さん、また単行本出版を勧めてくださった緑風出版の高須次郎さんに深く感謝します。

そしていつも支えてくれている鈴木亮子、更、漣の三人の家族に、感謝とともに本書を捧げます。

二〇一四年九月五日

著者

主な参考資料

政府「東京電力福島原子力発電所における事故調査・検証委員会中間報告」（二〇一一年）
政府「東京電力福島原子力発電所における事故調査・検証委員会最終報告」（二〇一二年）
国会「東京電力福島原子力発電所事故調査委員会調査報告書」（二〇一二年）
東京電力「福島原子力事故調査報告書」（二〇一二年）
東京電力「福島第一原子力発電所事故の経過と教訓」（二〇一三年）
福島県ホームページ　http://www.pref.fukushima.lg.jp
MILLENNIUM ECOSYSTEM ASSESSMENT
http://www.unep.org/maweb/en/index.aspx
A・V・ヤブロコフほか著、星川淳監訳『調査報告チェルノブイリ被害の全貌』（岩波書店、二〇一三年）
ICRP, Environmental protection: the concept and use of reference animals and plants, ICRP publica- tion 108（2098）

[著者略歴]

平田剛士（ひらた・つよし）

1964年広島市生まれ。北海道大学大学院工学研究科中退後、北海タイムス（札幌）記者を経て1991年からフリーランス。環境問題を中心に取材活動を続け、「週刊金曜日」「北海道新聞」「朝日新聞」「faura」などに寄稿。著書に『北海道ワイルドライフ・リポート』『なぜイノシシは増え、コウノトリは減ったのか』『名前で読み解く日本いきもの小百科』（いずれも平凡社）、『エイリアン・スピーシーズ』（緑風出版）、『環境を破壊する公共事業』（同、共著）、『ルポ・日本の生物多様性』（地人書館）、『そしてウンコは空のかなたへ』（金曜日）、『エゾシカは森の幸』（北海道新聞社、共著）、『人生が見張られている！』（現代書館）など。北海道滝川市在住。https://www.facebook.com/hiratatuyosi

非除染地帯《ひじょせんちたい》

——ルポ　3・11後の森と川と海

2014年10月15日　初版第1刷発行　　　定価1800円＋税
2015年 2月10日　初版第2刷発行

著　者　平田剛士 ©
発行者　高須次郎
発行所　緑風出版
〒113-0033　東京都文京区本郷2-17-5　ツイン壱岐坂
［電話］03-3812-9420　［FAX］03-3812-7262［郵便振替］00100-9-30776
［E-mail］info@ryokufu.com［URL］http://www.ryokufu.com/

装　幀　斎藤あかね
制　作　R 企 画　　　印　刷　中央精版印刷・巣鴨美術印刷
製　本　中央精版印刷　用　紙　大宝紙業・中央精版印刷　　E2250

ISBN978-4-8461-1414-5　C0036

◎緑風出版の本

■全国どの書店でもご購入いただけます。
■店頭にない場合は、なるべく書店を通じてご注文ください。
■表示価格には消費税が加算されます。

セレクテッド・ドキュメンタリ
エイリアン・スピーシーズ
在来生態系を脅かす移入種たち
平田剛士著

四六判並製
二六七頁
2200円

自然分布している範囲外の地域に人が持ち込んだ種を移入種という。アライグマ、マングース、ブラックバスなどの移入種によって従来の生態系が影響をうけている。本書は北海道から沖縄まで、移入種問題と対策を考える。

どんぐりの森から
原発のない世界を求めて
武藤類子著

四六判上製
二一二頁
1700円

3・11以後、福島で被曝しながら生きる人たちの一人である著者。彼女のあくまでも穏やかに紡いでゆく言葉は、多くの感動と反響を呼び起こしている。現在の困難に立ち向かっている多くの人の励ましとなれば幸いである。

世界が見た福島原発災害3
いのち・女たち・連帯
大沼安史著

四六判並製
三二〇頁
1800円

政府の収束宣言は、「見え透いた嘘」と世界の物笑いになっている。「国の責任において子どもたちを避難・疎開させよ！　原発を直ちに止めてください！」―フクシマの女たちが子どもと未来を守るために立ち上がる……。

チェルノブイリと福島
河田昌東著

四六判上製
一六四頁
1600円

チェルノブイリ事故と福島原発災害を比較し、土壌汚染や農作物、飼料、魚介類等の放射能汚染と外部・内部被曝の影響を考える。また放射能汚染下で生きる為の、汚染除去や被曝低減対策など暮らしの中の被曝対策を提言。